漆学
植生、文化から有機化学まで

宮腰哲雄

明治大学出版会

2-1	2-2
2-3	2-4

[2-1] 16-17世紀,琉球最古の沈金「ちょのまくび玉入れ」と同系統の丸櫃。
「緑漆鳳凰曇点斜格子沈金丸櫃」

[2-2] 朱漆に螺鈿は,16-17世紀の琉球漆器の特徴を示す。「朱漆牡丹尾長鳥螺鈿卓」

[2-3] 朱漆に箔絵は,18-19世紀の琉球漆器の特徴のひとつ。
「朱漆山水人物箔絵東道盆(トゥンダーブン)」

[2-4] 堆錦(ついきん)は,18-19世紀の琉球漆器の特徴を示す。「朱漆牡丹堆錦鞍」

3-1	3-2
3-3	3-4

[3-1] 粟野春慶の盆
[3-2] 緑漆沈金は、15-16世紀の琉球漆器の特徴のひとつ。「緑漆牡丹唐草石畳沈金膳」
[3-3] 螺鈿、17-18世紀、黒漆に螺鈿。「黒漆麒麟葡萄栗鼠螺鈿重香合」
[3-4] 金蒔絵と青貝細工

[6-1] 朱漆楼閣山水箔絵盆（右はその盆のＸ線ＣＴ写真）

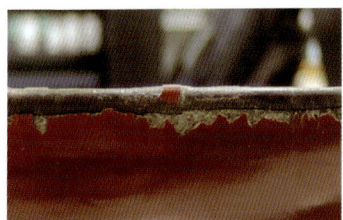

[6-2] 「箔絵盆」の覆輪部分

[8-1] 金コロイド漆（紅色）と銀コロイド漆（淡黄色）を用いた塗りもの

[8-2] 宝石の輝きを放つガラス戸

[8-3] インクジェットプリンターを用いた蒔絵。「紅白梅図風漆パネル」

[8-4] インクジェットプリンターを用いた蒔絵。「文殊菩薩像」

はじめに

　皆さんの身の回りにはどのような漆器がありますか。

　おそらく食事どきに使う箸，椀，盆あるいは膳を挙げる人が多いのではないでしょうか。それらは典型的な漆の塗りもののひとつですが，多くの家庭でふだんから使われていることでしょう。座卓，文箱，ペンダントなど，お気に入りの道具として，趣味のひとつとして大事にされている方も多いことでしょう。漆は，椀，盆，膳，箸といった生活用品のほか，かつては電話，ミシン，自転車，鉄道車両，ピアノ，万年筆，傘，時計，カメラ，扇風機，モーター，釣り竿などにも広く使われていました。

　そうした日常的に使われる漆器がある一方で，おめでたい日や特別なお客様のある日には，蒔絵のある蓋付きの椀や金蒔絵のある杯を傾けたりするかもしれません。漆器は，木地に漆を拭いただけのものから豪華に蒔絵を施したものまで，さまざまな種類があり，その魅力は尽きません。

　漆は多様性のある塗料で，身の回りのあらゆる品の塗装材料として使われてきました。いろいろな素材とよくなじむので，ベースとなる素材を保護し，美しく加飾する材料でもあります。また，金継ぎで知られるように接着剤としての一面ももっています。

　本書は，そんな漆がどのような材料かといったことから，植物としてのウルシの特徴，漆液の性質，漆塗料の乾燥性および漆塗りなどを知り，漆の魅力と，それを支える漆の化学的性質についての理解を深めてもらうためにまとめたものです。

　書名は『漆学』にしました。大それた書名で，恐れ多い気もしま

したが，ともかくそう決めました。そもそも「学」とは，広辞苑によると「特殊な諸領域または系統的認識，ないし専門諸科学を含む」とあります。そうであるなら，漆は縄文時代に始まり数千年以上の歴史がある日本を代表する文化のひとつであり，漆工芸品を作る工芸と技術にも素晴らしい実績があるものですから，十分に資格があると考えました。

「漆学」は，まさに「漆の科学・サイエンス」です。漆工芸品を作り，漆を研究し，その本質を解明する学問領域は，文理融合の共同作業で学際的に真理を探求し，体系化する必要があり，多くの研究者がこの課題に取り組んできました。これまで漆をめぐって，多くの本が書かれてきましたが，あらゆる側面を網羅したものはまだないといっていいでしょう。それほどに「漆学」を本当の「学」にすることは難しいのかもしれません。

そもそも漆がどのようなものかを簡単に説明することからして，なかなか難しいのです。まずは漆の原料である木のこと，漆液のこと，その採取のしかた。その漆液が高い湿度下で乾燥して塗膜になることなどを説明するには，化学的な知識も少々必要になるでしょう。また，文化としての漆がどんな広がりと深さをもっているかもひとすじなわではゆきません。漆器はどのようにして作られているか，世界のどこにどんな漆文化が残されているのか。それに何といっても，漆かぶれはなぜ起こるのか，という問題は気にしないわけにはゆきません。

筆者自身の専門は有機化学，特に有機合成化学です。化学はものの性質，特徴を明らかにし，その構造を詳しく分析する学問ですが，有機反応を組み合わせて目標とする化合物を合成する有機

合成化学もその重要な一分野です。筆者たちは，漆材料の特徴を化学的実験研究から明らかにするため，漆液の成分組成分析，漆の主要な脂質成分であるウルシオールの合成，次世代の漆の応用研究に挑戦しています。

　このように，漆を理解するには，いろいろ異なる分野に通じる必要があります。それほどに漆に関わる分野は多岐にわたり，また奥が深いのです。それでも，いまご説明しただけでも，たいへん興味深い内容がたくさん含まれていることがおわかりでしょう。いったんこの分野に入り込むと，尽きせぬ魅力の虜になること請け合いです。これをたわむれに「漆にかぶれた」と呼ぶ人もいるほどです。

　ただ実のところ，漆を見かけることもしだいに少なくなってきました。石油化学の発達により，ペンキのような合成樹脂塗料が開発され，簡便かつ安価に使えるようになったからです。しかし，漆の素晴らしさが見失われたのかといえば，事態はその逆で，今や漆には世界からの熱い視線が注がれています。

　江戸時代初期の建築，美術，工芸の粋を集めた日光東照宮は，漆塗り，細密な彫刻，彩色など豪華壮麗な造りを特徴とし，その社殿は国宝や重要文化財に指定されていますが，そればかりか日光山内にある二社一寺（日光東照宮，日光二荒山神社，日光山輪王寺）の建造物と，それを取り巻く遺跡（文化的景観）とが世界遺産に登録されました。

　漆塗りの神社・仏閣は日光東照宮だけではありません。「石清水八幡宮」「賀茂御祖神社」「平安宮」「祇園感神院」「北野天満宮」「平等院鳳凰堂」でも建造物の塗装には漆が使われていま

す。建物に漆を塗ると，建物の木部を保護することになりますが，それには当然食器を塗るのとは比べものにならないほど大量の漆が必要になります。漆は今も昔も高価ですから，よほどの財力がなければできません。

　これらの貴重な建造物を後世に残すために，これまで最新の管理と保存修復作業が漆塗り職人により繰り返されてきました。その多くは国宝や重要文化財ですから，当然国の支援によって進められることになりますが，それに関して最近大きな方針転換がありました。文化庁が，2018年度をメドに，国宝や重要文化財の建造物の保存修理に使う漆に国産品を用いることを決め，2015年2月に文化財部長名で各都道府県教育委員会に通知したのです。

　実は，国産漆は，コスト高や生産量減などにより，現在の使用率は全体的に落ち込み，中国産が97％以上を占めるまでになっています。文化庁は2006年以降，漆の供給林5ヵ所を保護する政策を打ち出していましたが，一定量の確保のメドがたったことを受けて，こうした方針を採ることを決定したのです。下村博文文部科学相(当時)は記者会見で，「漆の英語名は『japan』であり，日本の文化を象徴する資材だ」と意義を強調しました。今後は修繕に必要な量を調査した上で，林野庁と協力して増産を図るほか，生産者の育成も進めることになっています。

　「漆学」は，こうした動きにとって大きな力となるはずです。本格的に創成するには，さらなるデータの蓄積と体系化が必要ですからまだ時間はかかりますが，その基盤は着実に整備されつつあるといっていいでしょう。

　読者の皆さんには，まず本書をお読みいただくことで，漆に関

心をもち興味をもっていただければ幸いです。どうぞ漆の科学・サイエンスの広がりと，奥深さを感じてみてください。

　なお，「漆」とだけ書くと，植物のことを指しているのか，漆から採れる漆液のことを指しているのか，漆器のことを指しているのかわかりづらいので，本書では，漆液を採取する木を表すときは，植物の分類学での表記にかんがみ，カタカナで「ウルシ」，それ以外の漆器などを表現するときは「漆」，と表記を使い分けます。

宮腰　哲雄

目次

はじめに i

第1章 漆とは何か 1

1 「ジャパン」としての漆 2

2 漆の分布・植生 3

植林・栽培…3／沖縄のウルシ，北海道のウルシ…4／ウルシ科の植物…5／海外のウルシ…9／ヨーロッパのウルシ…13

3 漆の成分 14

4 漆の採取 16

ウルシの木に傷をつける道具と漆液の掻きとり法…18／漆掻きの時期…20／漆の評価…22

第2章 漆文化の広がりと歴史 25

1 世界の漆 26

2 日本の漆 27

縄文時代の漆…27／中国の漆と縄文漆…28／近世の漆——タイ伝来の漆…30

3　琉球の漆 …31

琉球の漆文化…31／琉球漆器に使われた漆…34／琉球の漆芸…34／現在の琉球漆器…36

4　アジアの漆 …37

中国の漆の歴史と文化…37／韓国の漆の歴史と文化…37／東南アジアの漆芸…38

5　ヨーロッパとの漆交流 …40

南蛮漆器，輸出および模造漆…40／漆器のもたらした影響…43

第3章　漆器の制作と加飾 …45

1　漆の種類 …46
2　漆塗り …50
3　漆の加飾 …52
まとめ …55

第4章　漆かぶれとは何か …57

1　漆かぶれ …58

漆かぶれの防止法…59

2　漆かぶれの化学 …60

感作と発症…60／漆かぶれ薬を作る…65

第5章　漆の化学的性質 ……… 67

1. 漆液の成分組成 ……… 68
2. 漆液の乾燥・硬化 ……… 75
   漆の酸化重合反応…76／漆の自動酸化…78／漆の劣化…80／漆の熱重合…81
3. 漆液のハイブリッド化 ……… 82

第6章　漆の科学分析 ……… 89

1. 科学分析とは何か ……… 90
   熱分解-GC/MS分析法…90／漆のクロスセクション法…95／蛍光X線分析…95
2. 縄文漆器の科学分析 ……… 96
   漆かアスファルトか…96／縄文漆利用技術の多様性…97／彩色土器の塗膜分析…98／木胎耳飾りの塗膜分析…100／サメの歯の膠着物の分析…102／飾り弓の塗装物の分析…103／矢柄付きの石鏃の膠着物の分析…104／土器内部にあった黒い塊の分析…106
3. 「朱漆楼閣山水箔絵盆」の分析 ……… 107
   「朱漆楼閣山水箔絵盆」の箔絵…107／分析試料と分析方法…110

   まとめ ……… 121

第7章 合成漆の開発 … 123

1 ウルシオールの合成研究 … 124
2 天然型トリエンウルシオールの合成 … 127
3 酵素重合型合成漆の開発 … 134

不飽和側鎖をもつ3-アルケニルカテコールおよび4-アルケニルカテコールの合成 …134／不飽和側鎖を有する4-アルケニルカテコールの合成…138／カシューナッツシェルオイルを利用した4-アルケニルカテコールの合成…140

まとめ … 143

第8章 次世代の漆利用 … 147

1 速乾燥性ハイブリッド漆の開発 … 148
2 ワインレッド色漆塗料の開発 … 150
3 ナノ漆の開発とインクジェットプリンターを利用した蒔絵製作法の開発 … 151

漆液の微粒化分散…151／漆の耐光性向上研究…155

4 漆を用いた防錆塗料の開発 … 157

防錆塗料の開発と試験…157／塗膜の密着度試験…161

あとがき … 163
索引 … 166

第1章
漆とは何か

1　「ジャパン」としての漆

種子島に鉄砲が伝来したころから日本と西洋との間には交流が始まり，西洋の道具や文化が日本にも紹介されるようになったが，逆に日本の漆器，陶磁器，着物，生活用品などもヨーロッパに輸出されるようになった。

中でも，漆器はヨーロッパの王侯貴族を驚かせた。漆黒に金箔や金粉で加飾された蒔絵の漆器はヨーロッパにまったく存在しないもので，貴族たちが競って購入したという。

それらは，日本から来たことから，「ジャパン」と呼ばれるようになった。中国からも優れた漆器がたくさん輸出されていたが，陶磁器は「チャイナ」と呼ばれた。英語の辞書をひくと，「japan」という語には，「漆，漆器，あるいは漆を塗ること」という意味がある。これは陶磁器を「china」と呼ぶことに対応している。

国の名前がものの名前にも使われたということは，ヨーロッパ人の目からは漆器や陶磁器が日本や中国独自のものと捉えられたことを表しているだろう。

日本の代名詞のような漆の技術が非常に洗練されたものであることはいうまでもないが，もちろん実際には，漆の文化は一国のみにとどまるものではなく，中国，韓国から東南アジアにも広がっている。この文化の広がりについては第2章でくわしく触れる。

ただし，現在海外で漆を説明するときに「japan」という言葉は古すぎて，なかなか理解されにくいようだ。現在では，漆を英語で表記するときには「Oriental lacquer」あるいは「natural lacquer」という言い方がされている。日本の漆を指したいときには「Japanese urushi lacquer」、「urushi lacquer」、あるいは単に「urushi」が使われ、漆器は「lacquerware」と呼ばれている。「ラッカー（lacquer）」だけでは合成樹脂塗料と混同されるおそれがあるため、やはり理解されにくい。

2　漆の分布・植生

● 植林・栽培

　ウルシは人が植栽することで育つ木で、山野で自然にウルシの木が繁殖することはない。もし山の中にウルシの木があれば、それはかつて人がそこに植えたからで、その後成長を続けたものと考えられる。一方、ウルシ属のヤマウルシ、ヤマハゼあるいはハゼノキなどは、自然に繁殖する。

　ウルシの木を植林するとき、種子から育てることは現在ではほとんど行われていない（ただし、現在も岩手県二戸市浄法寺で実践されている）。それはウルシの種子が厚いロウに覆われていて、そのままでは発芽率がきわめて低いためである。ウルシを種子から育てる場合には、種子を砂で擦ってロウを削り取るか、硫酸を用いてワックス分を取り去らなければならない。

　植林にあたっては、漆液を採取した後に木を伐採し、その木の周辺の根から発芽する若木を選んで育てるという方法がよく用いられる。一方漆の根を20cmくらいに切り、苗木畑に植え、1〜2年育て、1mくらいになったら植栽する。この方法は「分根」と呼ばれ、茨城県常陸大宮地域、新潟県村上地域、京都府丹波地域で行わ

[写真1-1] ウルシの実

[写真1-2] 日本のウルシ属2種（左：ウルシ，右：ハゼノキ）の葉と種子

れている。

● ──── 沖縄のウルシ，北海道のウルシ

　沖縄でウルシの木を植え，育てることにチャレンジしている方がおられる。ウルシの木は暖かさとともに寒さも必要で，温暖で直射

日光の強い沖縄ではウルシの木は育たないといわれてきたが,実は,ウルシの木はしっかりと根を張って育っているようだ。ただし,大きく成長しておらず,漆液を採取するまでには至っていない。これが土壌の影響か,気候の影響か,今後それらの影響をくわしく検討することが必要である。

　一方,北海道はというと,網走でウルシの植林が行われ,立派なウルシの林が育っている。ウルシの北限は本州の北,青森といわれているが,北海道開拓時代,本州から網走にウルシの木が植林され,それが今も残っているのだ。その当時植林された地域は現在公園となっており,ウルシの木は現在は郊外の山に植林されている。そこでは品質のよい漆液が採取され,網走の漆塗りの同好会が,この漆液を利用して漆工芸品作りを行っている。

ウルシ科の植物

　ウルシ科植物は世界の温暖な地域に広く分布し,80ほどの属と400〜600ほどの種が知られている。ウルシ科の木は落葉性の高木で,中にはつる性の木もある。葉は羽状複葉か単葉,葉序はほとんどが互生で,茎の節に1枚の葉が互い違いにつく。花は黄緑色で,小さいものがたくさんふさ状につく。樹皮には樹脂道が発達している。秋には美しく紅葉する種類も多い。葉にはかぶれ性の脂質を含むものがある。

　代表的な例としては,樹液を採るウルシと,ロウを採るハゼノキ,果実を食べるマンゴー,種子を食べるピスタチオとカシューナットの木がある。カシューの実は食用にするが,その殻から油が採れるので,それを塗料の原料や車両用ブレーキライニングの材料にす

[**表1-1**] 日本産のウルシ属植物の名称

	旧名称	新名称
ウルシ属	*Rhus*	*Toxicodendron*
ウルシ	*Rhus verniciflua*	*Toxicodendron vernicifluum*
ハゼノキ	*Rhus succedanea*	*Toxicodendron succedaneum*
ヤマウルシ	*Rhus trichocarpa*	*Toxicodendron trichocarpum*
ヤマハゼ	*Rhus sylvestris*	*Toxicodendron sylvestre*
ツタウルシ	*Rhus orientalis*	*Toxicodendron orientale*
ヌルデ属	*Rhus*	*Rhus*
ヌルデ	*Rhus javanica*	*Rhus javanica*

る。ウルシ科植物には有用な種類が多い。

　ウルシ科の中にウルシ属がある。日本のウルシ属には最近まで，ウルシ，ハゼノキ，ヤマウルシ，ヤマハゼ，ヌルデおよびツタウルシの6種が含まれていた。漆液が採れるのはウルシの木だけである。2000年代に入って，このうちヌルデのみをヌルデ属 *Rhus* とし，他の5種は*Toxicodendron*属と分類することになった（[**表1-1**]）。旧名称とは

----

*1――――*Rhus*も*Toxicodendron*も18世紀から使われている名前・学名で，2000年頃までは*Rhus*に統合されていた。21世紀に入ってDNAやフェノールの分析研究などによって，両者がまったく異なるグループであることが認められた。こうした意見の根拠になった主要な文献に次のふたつがある。

・Allison J. Miller, David A. Young, and Jun Wen, Phylogeny and Biogeography of Rhus (Anacardiaceae), *International Journal of Plant Sciences*, 162(6):1401-1407 (2001).

・Carlos J. Aguilar-Ortigoza, Victoria Sosa, The Evolution of Toxic Phenolic Compounds in a Group of Anacardiaceae genera, *TAXON*, 53 (2) : 357–364 (May, 2004).

現在，ヌルデはヌルデ属 *Rhus* で，他の5種はウルシ属*Toxicodendron*である。

大きく異なっているので注意されたい。*1

以下に，その6種について，具体的に紹介しておこう。

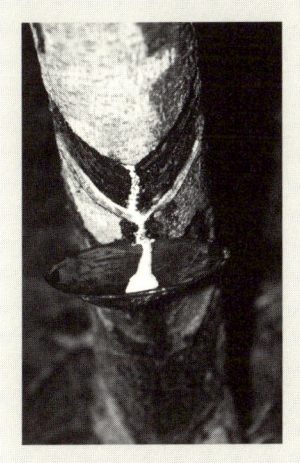

［写真1-3］ベトナム産漆液の採取

・ウルシ

ウルシは，日本では九州から北海道の網走まで広範囲に生育する。日当りがよく，水はけのよい場所に育ち，木は高さ10m，直径30cmに達し，秋には黄色く紅葉する。ウルシの木は5～6月旬に淡黄色の小さな花を咲かせる。その花には雄花と雌花があり，虫媒と風媒によって結実する。漆液の採取は，樹齢10年以上の木を対象に，6月中旬から10月中ごろまでの約180日間行われる。

ウルシの種を粉砕し焙煎して得られる粉末は，コーヒーのような香りを有することから，漆コーヒーとして一部の地域で愛用されている。

・ヤマウルシ

ウルシの木と同様，葉縁に欠刻（鋸歯状の切れ込み）のない全縁であるか，あるいはギザギザの鋸歯があり，4～5m程度の小木である。全体的に葉は小さく，樹勢も弱い。樹液の分泌が少なく，品質が悪いため使われていない。

・ツタウルシ

　比較的温暖な地に生育する，高さ3mくらいの小木で，葉は長い柄の先に三小葉がついている。茎はつる状で細根があり，他の樹木に絡まるのが特徴である。ツタウルシの名は，つるがツタ状であることからきている。

・ハゼノキ

　この木は千葉県以西に生育し，葉は奇数羽状複葉で，落葉高木である。この実から良質のワックス・木蠟が採れる。近世中国や琉球から伝わったとされている。ハゼノキのワックスは，蠟燭だけでなく，びん付け油，化粧品，軟膏，医薬品，艶だし剤などの原料として重宝されるため，江戸時代から明治時代まで西日本で盛んに植栽された。この木蠟は日本の特産品として輸出され，「Japan wax（ジャパン・ワックス）」と呼ばれた。現在でも，化粧品の素材，フローリングのワックスなどに利用されている。

・ヤマハゼ

　この木はハゼノキと同様に，関東地方以西の温帯地方に生育する。外観はハゼノキに似た小木で，葉の柄部分に褐色の毛が散生しているが，果実は無毛である。雌雄異株で，5月頃黄緑色の花をつける。この木から樹液を採取することはない。

・ヌルデ

　温暖地帯に広く生育する落葉の小木である。葉の先端は鋭く，縁が粗鋸状になっており，葉軸の両端に翼がある。小葉の裏面全

体に毛が密生し，表の主葉脈上にも毛がある。果皮に白粉のリンゴ酸カルシウムがつくなどの特徴がある。この木の葉にヌルデシロアブラムシが寄生し，大きな虫こぶ（虫癭）を作ることがある。この虫癭にはタンニンが豊富に含まれていて，皮なめしに用いられ，インキや白髪染めの黒色染料になる。江戸時代にはお歯黒にも利用された。また生薬として，五倍子と呼ばれ，腫れ物，歯痛止めに用いられた。タンニンは有用な物質だが，それを化学合成する技術はまだないため，いかに自然の中で効率よくタンニンを得るかが重要である。中国では，虫癭の生育を管理しながらタンニンを生産し，そこから五倍子やその誘導体を合成する工業的な利用法が稼働している。

海外のウルシ

ウルシの木は，日本だけでなく中国，朝鮮半島など，主にアジアに植生している。

・中国のウルシ

中国のウルシは*Toxicodendron vernicifluum*に属する。現在日本で使われている漆の97％以上が中国からの輸入である。中国の主な生産地は，長江（揚子江）の上流にある湖北省（竹谿，建始，毛俱），貴州省（比節），陝西省（安康，漢中），四川省（城口）などである。品種としては1500mくらいの高い山に生育する「大木」と，800m付近の比較的低い山に生育する「小木」がある。中国にはウルシの自然林があるが，どのようにして増えていったかなどの詳細はわかっていない。

・台湾のウルシ

　台湾のウルシは，中国と同じウルシではなく，ハゼノキ（Toxicodendron succedaneum）である。漆液の増産のために，日本のウルシをベトナムで植林しようと試みられたが成功せず，台湾でも試したがそれもうまく生育しなかった。そこで台湾の埔里(プーリー)に，ベトナムのウルシ，すなわちアンナンウルシを植林したところ大きく成長し，樹液採取が行われ，その漆液を利用した漆器生産も行われていた。その後，台風により多くのハゼノキが倒れたため，現在樹液採取は行われていないが，埔里の龍南天然漆博物館でその資料を見ることはできる。

・東南アジアのウルシ

　東南アジアにも漆液に似た樹液を生産する木が存在している。ベトナムのウルシはアンナンウルシと呼ばれ，日本のウルシの木の種類ではハゼノキ（[表1-1]）に相当する。タイおよびミャンマーのウルシの木はビルマウルシ属（Gluta usitata）で，日本やベトナムのウルシ属以外で唯一漆液の採取に利用されている木である。東南アジアにはこれらの樹液を利用した独自の漆文化がある。

・ベトナムのウルシ

　ベトナムにはアンナンウルシが生育している。常緑の高木で，高さ7〜8m，直径10〜15cmで，葉柄は長い。この木は日本のウルシ属のハゼノキに相当する。主な産地はハノイの北のフート省（Phu Tho Province）で，ベトナムにもこの樹液を利用した独特の漆文化がある。

[写真1-4] ミャンマーのウルシの実(上段,下段左)と葉(下段右)

　江戸時代の初期にあたる17世紀ごろに、この漆液がベトナムのアンナンから日本に輸入されていたという記録がある。だが、ベトナム漆は、日本産や中国産の漆に比べて乾燥が遅いことから現在ではほとんど利用されていない。

・タイ、ミャンマーのウルシ

　タイおよびミャンマー（旧称：ビルマ）の国境地帯にはビルマウルシ属が生育していて、その主な産地はミャンマーのシャン高原である。タイは自然保護政策から漆液の採取を禁止しているので、ミャンマーで採取された漆が使われている。日本やベトナムではウルシ属の漆が使われているが、タイではウルシ属以外の漆液、ビルマ

ウルシ属が利用されている。タイやミャンマーにもこの樹液を利用した独特の漆文化がある。ミャンマーのビルマウルシ属は，成木の胸高直径が1〜2メートルもあり，高さが20メートルにもなる大木である。ミャンマーの乾期（2〜3月ごろ）には，30℃を超える気温の中，ウルシは赤い実をつけ華やかな装いになる（[写真1-4]）。

この漆液は黒色で，17世紀ごろ江戸時代の初期に「四耳壺（しじこ）」に入れられてタイから輸入された記録がある。しかし，漆液の乾燥が遅いことから日本では焼き付け塗装に使われるくらいで，その利用は進んでいない。

・ラオスのウルシ

かつてラオスにあった漆文化は不幸な内戦で消滅したといわれている。現在，ラオスではタイ経由でミャンマー産の漆を購入して使っているので，非常に高価になっている。だが，その一方で，漆復興に取り組む方々によって，ラオスの伝統的な漆塗りの復活，漆塗り技術者の育成などが進められている。筆者たちは，失われた漆文化を研究するために，ラオスの歴史的な漆器を科学分析して，どのような種類の漆を用いて漆塗りが行われていたかを検討した。古いラオス漆器の剥落片を用いて熱分解-ガスクロマトグラフィー／質量（以下，GC/MSと略記）分析法や赤外線吸収スペクトルなどの科学分析（第6章参照）を行った結果，漆塗りに用いた漆はビルマウルシ属系であることが明らかになっている。

ラオスの古い漆器を科学分析するため，ラオスの漆復興に取り組む美術学校（Luang Prabang Provincial Secondary School of Fine Arts）の先生，ウンファン・スーカスム（Ounheuane Soukaseum）さんの

案内により，ラオスの首都ビエンチャン郊外の林を調査したことがある。田園近くの林の中に大きな木があり，それを地元の人たちは「ウルシの木」(lacquer tree)と呼んでいた。その葉をタイのカセサート大学の植物専門の先生に鑑定していただいたところ，*Rhus*属や*Gluta*属とも異なるセメカルパス(*Semecarpus*属)であることがわかった。セメカルパスもウルシ系の植物で，樹液は得られるが，その品質はよくないとされている。

また，ラオス北部に位置するルアンパバーン郡では，ラオス国立大学の植物専門の先生に案内してもらい，郊外で*Gluta*系（同属にはさらに多くの種類があるが，研究が進んでおらず分類法も確立されていないため，ここでは「系」とする）のウルシの木を見せていただいた。この木から浸出する黒色の樹液は常温で乾燥硬化することから，ラオスにもウルシが存在することがわかった。しかしその山は，その後工業団地を作るため造成され，残念ながら今はない。ラオスの漆文化を再興するにはウルシの木が必要で，そのためには広いラオスの中にウルシの木を見つけるか，植林を進めるかしなくてはならない。これも今後の課題といえるだろう。

● ──── **ヨーロッパのウルシ**

ヨーロッパにはウルシの木はないといわれていたが，漆に関心のある人が，日本のウルシの木をドイツのフランクフルトに植林したところ，大きく成長し，漆掻きができるようになったという報告が届いた。送っていただいた漆液を科学分析し，漆液の乾燥硬化試験をしたところ，日本産のウルシと遜色のない良質の漆液であることがわかった。今後この植林が進むと，将来ヨーロッパでも漆液の採

取ができ，それを利用した漆塗りや古い漆器の保存修復に使われる時代が来ると期待されている。

3 　　漆の成分

ウルシの樹液は，育った場所，季節，あるいは土の状態によって，微妙に異なる性質をもつ。たとえば，日本や中国の漆液には，ウルシオール，ゴム質，含窒素物，水およびラッカーゼ酵素が含まれていて，これらの成分が互いに作用しあうことで，漆液は乾燥し塗膜を作る。しかし，その乾燥性は異なる。それは漆液の成分組成が関係している。それに関わる成分について，簡単に紹介しておこう。

ウルシオール　ウルシの木から得られる漆液の脂質成分である。ウルシオールの化学式は$C_{21}H_{40-36}O_2$で，構造式は［**図1-1**］のとおりである。直鎖のC_{15}の飽和側鎖[*2]と不飽和側鎖をもつカテコール[*3]の混合物で，漆膜を作る主要な構成成分である。漆液の乾燥・硬化は，ラッカーゼ酵素がウルシオールを酸化し，その後空気中の酸素により酸化され固化することで起こる。

アジアの3種の漆液の脂質成分の姿を［**写真1-5**］に，またそれぞれの構造式を［**図1-1**］に示した。

---

*2────側鎖とは，環状化合物（たとえばベンゼン，C_6H_6）の環に結合している鎖状炭化水素基（R）で，これには飽和の側鎖と不飽和の側鎖がある。ウルシオールではカテコール環の3位（ヒドロキシル基の付いた炭素の隣の炭素）に炭素15（具体的には$C_{15}H_{31}$）の側鎖が結合している（［**図1-1**］）。

[**写真1-5**] アジアの3種類の漆液の脂質成分の姿

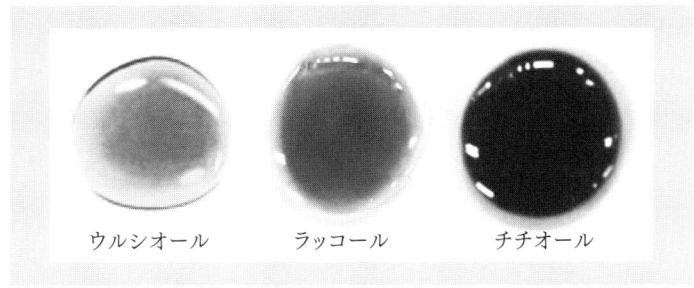

ウルシオール　　ラッコール　　チチオール

[**図1-1**] ウルシオール，ラッコール，チチオールの構造式

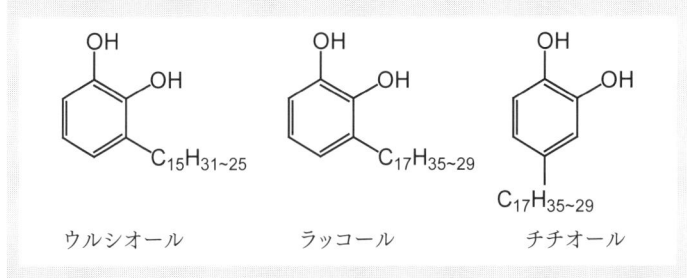

ウルシオール　　ラッコール　　チチオール

ゴム質　漆液にアセトンあるいはエタノールを加えて得られる粉末状物質で，水に可溶な成分である。分子量は27,700と84,000

---

*3――――フェノール類の一種で，([**図1-1**])に示した構造($o-C_6H_4(OH)_2$，オルト)のようにベンゼン環上に隣り合った2個のヒドロキシル基(－OH)を有する有機化合物である。

　　飽和側鎖　有機化合物の中には炭素・炭素結合がすべて飽和のものがある。それが側鎖としてカテコール環の3位に炭素15の飽和側鎖(具体的に

の2種類の多糖成分の混合物で，アラビノース，ガラクトース，ラムノース，グルクロン酸，4-O-メチルグルクロン酸からなる酸性多糖の混合物である。漆液のエマルション（互いに混じりあわない液体の系，p. 68参照）の安定化に関与しているといわれている。

含窒素物　漆液にアセトンあるいはエタノールを加えて得られる粉末状で，水に不溶な成分である。糖質とタンパク質からなる糖タンパク質で，漆液のウルシオールと水のエマルション乳化と安定化に関与しているといわれている。

ラッカーゼ酵素　酸化酵素のひとつである。ウルシオールの酸化酵素で，ポリフェノールオキシダーゼに属する。ラッカーゼはフェノール類を酸化し，自身は還元されるが，空気中の酸素で酸化され，触媒となる。モノフェノール類は酸化しない。きのこや木材腐朽菌，カビなどにも存在する。

4　漆の採取

ウルシの木に傷をつけると，その傷口から乳白色の液体が滲み出てくる（[**写真1-6**]）。この樹液が漆液である。もともと漆液は，木が傷ついたとき，自らを守るために生産しているものである。その

は$C_{15}H_{31}$)として結合している化合物も含まれている。

　不飽和側鎖　有機化合物の中には炭素・炭素二重結合——$C=C$——を有するものもある。それが側鎖としてカテコール環の3位に炭素15の不飽和側鎖（具体的には$C_{15}H_{29-25}$）が結合している化合物もある。

[写真1-6] ウルシの木と漆液採取の様子

乳白色の樹液の働きや硬化を観察した人が、その樹液を掻きとり集め、連綿と漆液を器物の塗装に利用してきたのである。

漆液の採取はウルシの木の成長が活発な初夏から秋の間に行われる。具体的には梅雨明けから10月中頃までであり、ウルシの木が落葉する時期や成長を止めている冬期間は、作業は行われない。

漆液を掻きとる作業の流れは以下のとおりである。

ウルシの幹に掻きとり鎌で水平の傷をつける。この傷から漆液が流れ出てくるので、その樹液を集める。通常1本の木に対して、20〜30cm間隔に5〜10ヵ所傷をつける。ウルシの木に連続してたくさん傷をつけても漆液を多く採取することはできない。この傷を「辺」といい、こうして傷をつけていくことを「辺搔き」と呼んでいる。

ウルシの木から樹液が取れるようになるには、ウルシの木を植えて10年以上経つ必要があり、そのころになると幹は直径10cmほどに成長する。漆液は漆の木の生合成によるので、ウルシの木に傷

をつけて得られる分泌量は，1回で0.5～1ml程度と，わずかなものである。漆液はウルシの木の炭酸同化作用により生産されるので，連続して毎日漆液を採取するのでなく，4日の間隔をおいて採取する。1シーズンにだいたい180日作業をすると，1本のウルシの木から得られる漆液の量は約150～200mlになる。これは漆器を30～40個分塗装できる程度の量である。このように時間と手間をかけて採取するので，漆液はきわめて貴重で高価なものになる。

これは植物の生理，漆液ができる機構をよく理解した作業といえる。そのため樹液採取の作業ではウルシの木の生育している山を大きく4等分して，その4分の1の地区を，一日ごとに順番に回って漆液を採取する必要が出てくる。では，そんな貴重な漆液の採取について，具体的に論じてみよう。

●————ウルシの木に傷をつける道具と漆液の掻きとり法

漆掻きの道具は，以下のとおりである。
・カマ　木の皮を削る。
・カンナ　2枚の刃を持っており，細い方の刃をメサシという。
・ヘラ　漆液を掻きとる。
・カキタル(木の桶)　漆液を入れる。

まずウルシの幹の皮を剝ぎとる特別なカマで，漆液を採取しやすいように表皮を平坦にする。次に掻きとりカンナで水平の傷をつける。この傷は幹まで深く溝をつけるのでなく，形成層を横に切りとるようにする。漆液はウルシの木の表皮の近くの「形成層」にある「漆液溝」に溜まるので([図1-2])，これを切断することで漆液が漆掻き

[**写真1-7**] ウルシの木に傷をつける道具(右からカマ,ゴングリ,ヘラ,エグリ,カンナ(大小2つ),アブラボウ,カキタル)

[**図1-2**] ウルシの木の断面構造(右上,左上),漆液掻き取り傷(左下),木の断面写真

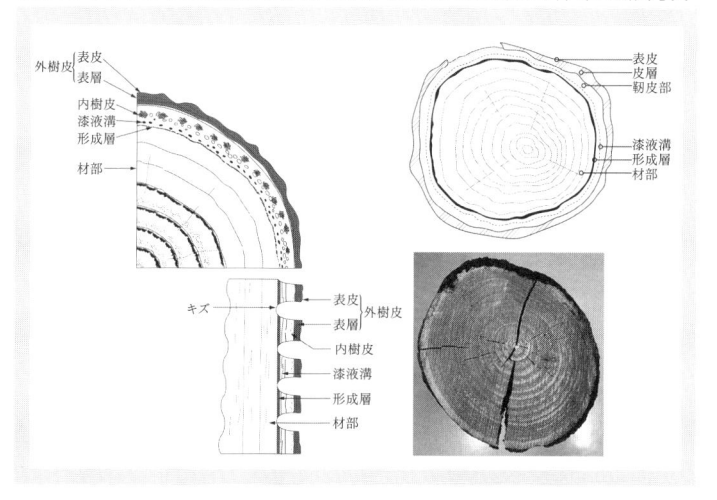

傷から流れ出る。この傷に,先の鋭いエグリ鎌で傷をつける,いわゆる「目立(めたて)」することで漆液が流れ出てくる。この漆液を特別な掻

きとるヘラですくい取り，漆液を入れるカキタルに集める。

●───漆搔きの時期

　漆液を採取する作業は，10〜15年生の木を対象に，6月から10月中旬くらいまでの間に行われる。漆搔きにはいくつか方法がある。
　「殺し搔き」は，1シーズンで漆液を採り尽くし，その木は伐採する方法である。翌年に切り株から芽が出て，そのうちの1本を10年ほど管理し育てると，また漆液を採取することができる。
　「養生搔き」は，漆液の採取を数年に分けて行うもので，農作業の比較的に暇でウルシの木の成長が活発な7〜8月の夏の盛りにだけ行う。ちなみに，ウルシの実からは蠟を採取することができる。
　なお，殺し搔きは日本でのみ行われているもので，隣国の中国では養生搔きが行われている。日本でもかつては養生搔きが多かったが，明治，大正になってから殺し搔きが主流になったといわれている。
　辺搔きで採取した漆液を，辺漆（へんうるし）という。季節に応じて樹液の性質は変わるので，6月から10月にかけて，初辺，盛辺，遅辺に分けて樹液を採取する。初期のものを「初漆（はつうるし）」，盛夏に採れたものは「盛漆（さかりうるし）」，9月のものは「遅漆（おそうるし）」といい，盛漆がもっとも品質がよいとされる。また，10月に幹に半周ほどの長い傷をつけて搔きとる漆は「裏目漆（うらめうるし）」，10月末に幹を一周する傷をつけて搔きとる最後の漆は「止漆（とめうるし）」と呼ばれる。切り倒した木の枝を水に浸けてから搔きとる「枝漆」という漆もある。ウルシの根からも「根漆」が採られたことがあった。採れる漆の量は少量でも，貴重なものなので徹底して採取しようと，さまざまな工夫があったことがわかる。

[表1-2] 日本産の漆液の種類と特徴

辺掻き漆液	採取の時期	漆の特徴
初漆	6月中旬から	2辺から7辺くらいまで　漆の水分が多いが乾燥は早い，濃い飴色，皺が寄りやすい，酸味臭がある。
盛漆	7月下旬まで	8〜14辺くらい　高品質の漆。山吹色，艶がよい，足が長い，甘い匂い，水分が少なく，品質が良い。
遅漆	9月初旬から1ヶ月間	15辺〜　漆の粘りが強く，肉持ちがよく厚塗りに適す。液が白っぽい，艶が落ちる，甘い香りがない，足がボタボタしている，下地用。
その他の漆		
裏目漆	10月	遅漆に似た性質　乾燥は遅い。液は白っぽく，モタモタしている，量が少ない，下地用。
止漆	11月	白っぽい漆　量は取れない。不乾漆。
枝漆	12月	枝を水に浸けてから取る，透明，黒変しない，ごく少量しか取れない。
根漆	晩秋から冬の仕事	少量，乾燥は遅い。

　裏目漆，止漆，枝漆，根漆は，辺掻き漆に比べて品質が落ちるので下地に用いられていた。しかし現在は手間がかかるわりに採算が合わないことから，これらの漆の採取はほとんど行われていない。採取可能な全漆液を100%とすると，辺掻き漆は77%，裏目漆は14%，止漆は7%，枝漆は2%とのデータがあり，せっかく10年も15年も長年にわたり育てたウルシの木から得られる辺掻き漆だけではなく，裏目漆や止漆からも得ることは，資源の有効利用の観点から重要である。その際，それらの漆液の乾燥が遅いことが問題になるが，漆液の改質や利用法を工夫することで解決できると考えている。これについては第5章で触れる。

[写真1-8] 漆の足

● ──── **漆の評価**

「いい漆」とは通常，乾燥が早く，塗膜がきれいな漆のことをいう。漆の乾燥は，漆器作りにとっては非常に重要である。漆器作りは，漆を塗り，それを乾燥して塗膜を作り，それを研ぎ，また漆を塗り，といった工程を繰り返すことが必要だからだ。

漆液の入っている漆樽の中にかき混ぜ棒を入れ，引き上げると，かき混ぜ棒の先から流れ落ちる漆液のしずくが切れず，いつまでも長く糸を引くように落ちる様子を「漆の足」と呼ぶ（[写真1-8]）。品質を見分ける簡便な方法として現場で行われている鑑定法の一つである。品質のよい漆は「漆の足」が長いが，品質の悪い漆は「漆の足」が短く，しずくの流れが途絶えがちで，ボタボタした感じである。

漆液はさまざまな科学的な分析計測装置で分析評価するが，そのような機器が使えない現場では，漆液の匂いを嗅いだり，液の色を見たり，また先のように「漆の足」を観察することで評価が行われる。これは漆を長い間観察し，実際使った経験から判断するもので，熟練を要する。

　もちろん「いい漆」があれば「悪い漆」もある。漆は天然物で，気候や，ウルシの木の成長や環境の影響を受けて生産されるものであるから，品質のばらつきがある程度あることはしかたがない。しかし，ビジネスにおいては，中身の濃い漆，要するに漆液の中のウルシオールが多いものが望まれることから，中国では現場で簡便に水分を測定するために，竿秤の天秤の片方に漆液を入れ，これをアルコールランプで加熱して水分を蒸発させ，その減量から水の量を計る方法が採られている。

　漆が乾燥する様子は，漆液の蓋紙をはがし，それに付着している漆液の色の変化を見ることで判断する。

　漆液は空気に触れると空気中の酸素で酸化され，褐色に着色するので，空気を遮断するために，漆液を入れた桶の上部に空気を巻き込まないように渋紙でしっかりと蓋をする。漆液の様子を見るときには，そっと蓋紙をはがし，漆液の色の変化を見る。空気に触れたときの色の変化が早い漆は乾燥が早い漆で，いつまでも色の変化が起こらない漆は乾燥が遅い。

　漆の管理，保存には注意が必要である。保管状態が悪いと腐敗するからである。腐敗した漆はアンモニア臭やアミン臭気がする。このような漆は乾燥しないので使えない。逆に，いい漆はワイン臭

がするものもある。このような漆液は，熟成が進み，よい漆と考えられる。漆の匂いを嗅ぐことも，有力な品質評価の方法として，広く行われている。

以上のように，漆液の採取には，木を育て，樹液を採取し，それを保管し，精製する工程までが含まれる。このようにして精製された漆液を器物に塗り，さらにその後，いろいろな加飾工程を経て漆器ができるのである。

参考文献
* 本章の初出論文は○で示した。本書収録の際，いずれも大幅な加筆修正を施した。

・『漆かき職人の一年，大森俊三の技術』，日本うるし掻き技術保存会(2005).
・伊藤清三著『日本の漆』，東京文庫(1979).
・漆工史学会編『漆工辞典』，角川学芸出版(2012).
・寺田晃，小田圭昭，大藪泰，阿佐見徹編著『漆 ―その科学と実技―』，理工出版社(1999).
・永瀬喜助著『漆の本 ―天然漆の魅力を探る―』，研成社(1986).
・松井悦造著『漆化学』，日刊工業新聞社(1963).
○宮腰哲雄，永瀬喜助，吉田孝編著『漆化学の進歩』，アイピーシー(2000).
・Ju Kumanotani, *Progress in Organic Coatings,* 26, 163(1995).
・Rong Lu, Takashi Yoshida, and Tetsuo Miyakoshi, Reviews Oriental lacquer: A Natural Polymer, *Polymer Reviews,* 53:153-191(2013).

第2章
漆文化の広がりと歴史

1　世界の漆

　ウルシの木とその樹液を利用する文化はアジアに集中している。当然のことながら，ウルシの木のないところに漆文化は育たない。漆塗りが行われている地域・国を大別すると，①日本と中国，韓国，②ベトナム，③タイとミャンマーの3つになる。これは漆塗りに利用されるウルシの木が3種類あることと関係がある。

　ウルシの木が育つ日本，中国，韓国では，漆器作りの文化が発展してきた。ハゼノキの育つベトナムでは，ベトナム漆の特質を利用した独特の漆工芸品作りが行われてきた。またブラックツリーと呼ばれる特異な黒色漆（古い国名からビルマウルシと呼ばれていた）を利用した漆器作りが，ミャンマーやタイで行われているが，カンボジア，ラオスでは長い戦争のため現在では行われていない。そのほかブータンやインドにも漆塗り文化がある。

　ヨーロッパにはウルシの木がないため漆文化と呼べるものはない。しかし，400年前の大航海時代にグローバル化が始まり，漆工芸品の美しさに魅了されたヨーロッパの王侯貴族が競ってアジアの漆器を収集したため，数多くの漆器が海を渡った。それらは今，各地の美術館や博物館に所蔵され，展示されている。

　以下，まずは日本の漆を紹介し，続いてアジアの漆について簡単に解説する。

2　日本の漆

●──縄文時代の漆

　日本の漆の歴史は古い。日本最古の漆は、なんと9000年前の縄文時代までさかのぼる。縄文時代といえば、獲物を追いかけ移動する生活を思い浮かべるが、当時の人々は、実はすでに漆を扱う技術を身につけていた。ウルシの木から樹液を採取し、漆液にベンガラや辰砂（しんしゃ）などの赤い顔料を添加するなどして器物に塗り、赤い漆器を作っていたのである。それだけではなく、漆を乾燥させるためには漆器を湿度の高い環境に置くことが必要だが、出土物を見ると、当時の漆器がすでにその工程を経ていたことが明らかである。

　漆に関わる歴史資料によると、以下の遺跡から縄文時代の漆器が出土している。
・島根県の夫手（それて）遺跡　6000年前（縄文時代前期初頭）の漆の容器が出土。
・新潟県の大武（だいぶ）遺跡　6600年前（縄文時代前期前半）の漆糸や漆塗りの土器が出土。
・福井県の鳥浜貝塚　5500年前の赤い漆塗りの櫛や盆状容器が出土。
・山形県の押出（おんだし）遺跡　5000年前の漆塗りの浅鉢土器が出土。
・青森県の三内丸山遺跡　縄文時代前期中頃（約5500年前）の漆の塗りものが多数出土。
・北海道の垣ノ島B遺跡　9000年前（縄文時代早期前半）の漆の装

飾品が出土。これは世界で最古の漆の副葬品である。

　縄文時代を6つに区分すると，約13000年前から10000年前の間を縄文草創期，10000年前から6000年前の間が縄文早期，6000年前から5000年前の間が縄文前期，5000年前から4000年前の間を縄文中期，4000年〜3000年の間が縄文後期，3000年〜2300年の間が縄文晩期となるが，一番古い漆文化は縄文早期にすでに始まっていたことになる。漆は縄文晩期まで使われているが，弥生時代になると，出土する漆はなぜか極端に少なくなる。

●────中国の漆と縄文漆

　ウルシの植物学上の原産地は中国といわれている。中国では，浙江省の河姆渡(かぼと)遺跡の漆椀が約7000年前，同省の跨湖橋(こここきょう)遺跡の約8000年前の木弓が，田螺山(でんらさん)遺跡（約7000年前）から黒漆塗りの円筒木器が出土している。中国での発掘はまだ途上にあることから，さらに古い年代の漆器が出土する可能性が大きいと考えられている。日本では9000年前の縄文遺跡から多くの漆工芸品が見いだされているから，それ以前に中国からウルシが持ち込まれたことになるが，どの時代に中国から日本にウルシの木がもたらされたのかは今もって結論が出ていない。出土漆の古さだけを単純に比較すると日本の方が断然古いことになるが，現状の中国の発掘調査の結果だけで，漆文化の歴史を単純に比較して結論を出すことはできない。

　福井県若狭町鳥浜にある鳥浜貝塚から1984年に出土したウルシの枝は，放射性炭素14年代測定[*1]した結果，12600年前の縄

文時代草創期のものであることが，東北大学の鈴木三男教授（植物学）とつくば市の森林総合研究所の能城修一研究員らの研究グループの調査で明らかになった。

　出土したウルシの小枝は長さ約20cmで，つくば市の森林総合研究所で2005年に顕微鏡でウルシと突き止められた。日本にウルシがあったことを示す国内最古の例である。このウルシの枝は福井県立若狭歴史博物館に所蔵されている。

　鈴木教授によると，漆を塗料や接着剤などとして活用する技術は，日本では縄文早期以降である。ウルシは中国大陸から伝来したとするのが定説だが，それは日本でウルシは自生しないという前提があるためだ。前述のとおり，ウルシを植えて漆液を採取するまでには下草刈りなどの管理や世話が必要で，樹液を採取するまでに10年近くかかる。早期の縄文人にとっては，狩猟と採取がたいへん重要な仕事であったと思われる。この時代にウルシが自生していたのか，それともウルシを栽培していたのかはわかっていないが，12600年前のウルシの枝が発見されたことは，日本の漆文化が中国伝来でなく，日本がルーツである可能性を示唆する重要な発見と

*1ーーーー　炭素には同位体があり，炭素12が主であるが，炭素13と炭素14もある。このうち炭素14は放射性で不安定で徐々に長い年月をかけて分解する。
　　　　　生きている動植物の炭素14の存在比率はほぼ一定であり，その比率は変わらないが，死後は新しい炭素の補給がなくなるため，存在比率が減少する。この性質と半減期が5730年であることから年代測定が可能になる。
　　　　　放射性炭素14年代測定は炭素の同位体の一つである炭素14の濃度とその放射性崩壊の割合を測定することで求める。

いえそうだ。漆文化の発祥をめぐる問題には、さらなる発見が期待されている。

● ── 近世の漆 ── タイ伝来の漆

安土・桃山期の日本では、タイの漆を大量に輸入して漆器作りが行われていた。東京文化財研究所の北野信彦博士らが、京都の中心部の遺跡から「四耳壺」を発掘し、その壺の中に付着した漆を科学分析したところ、それがタイの漆であることがわかった。この科学分析には、筆者たちの研究してきた「熱分解-ガスクロマトグラフィー」と「質量分析計」を組み合わせた分析手法が活かされている(第6章参照)。

長崎の出島や平戸の商館の記録によれば、当時の日本では、年間100トンもの大量の漆液を輸入していた。年間100トンという量は、現在の日本の年間の使用量より多い。現在の日本の漆液の生産量はわずか1トン弱で、97％は中国からの輸入である。桃山期には各藩がウルシの木の育成を奨励し、漆液を生産していたので、現在より多くの漆液が生産されていたと思われるが、それよりさらに大量の漆液を輸入して使っていたことになる。当時、日本は群雄割拠の時代であったから、各地で築城が行われ、あるいは寺院が多数建設されるなど、大量の漆が必要とされたのだろう。

この時代でも、漆液が必要になったときには海外から漆を輸入して漆器作りや漆塗りを行っていたわけで、これはやはり驚嘆に値する。

その一方で、この時代に作られた建物、寺院、金箔瓦、漆器などの一部を科学分析したところ、使われている漆液はいずれもウルシオールを含む国産のもので、ウルシオールを含まない大量のタイ

[写真2-1] 四耳壺

の漆が実際にどこに使われたのかはまだ明らかになっていない。

歴史的な漆器の分析に関わる研究課題は，東洋史や文化史の研究者と理化学的な分析ができる研究者との共同研究が必須である。外観やデザインから生産地が判定できる漆器もあるが，それだけでは判断がつかなくとも，科学分析を使えば，どのような漆をどのように用いて漆器が作られたかは識別ができるようになった。

3　琉球の漆

●――琉球の漆文化

沖縄でもっとも古い漆は，13世紀ころの英祖（琉球初の王朝を興

した舜天の子孫)の王墓「浦添ようどれ」*2の棺や建造物に塗られた朱色や黒漆である。また，第一尚氏から第二尚氏へと王統が変わり，尚王朝最盛期の16世紀頃に久米島や伊是名島のノロ(神女)が用いていた勾玉容器や衣装櫃も漆器で，それらが王家から贈られたことがわかる資料もある。また王府の交易記録である「歴代宝案」には，赤い漆に貝で飾った刀剣が輸出されたことが史実として残っている。また朝鮮の「李朝実録」(1478年)には，琉球王朝の最盛期に王座に就いていた尚真王 (在位1477-1527年)とその母オギヤカの周辺を彩る漆塗りの乗り物や寺院などが記録されていて，15世紀の王国の華やかな漆文化がうかがえる。

　15世紀に成立した琉球王国は，中国との朝貢貿易を中心に，朝鮮，日本，東南アジア諸国へと交易網を広げ，文化交流を通して独特の王朝文化を作りあげた。特に中国からは，朝貢国として破格の待遇を受け，多くの文物と各種の技術が伝わった。その一つが漆芸だと考えられているが，琉球への伝来の後，それは独自の発展を遂げるのである。

　琉球漆器は，沈金，箔絵，螺鈿，堆錦などの技法(後述)と，日本や中国にないデザインを使って，独自のスタイルを確立している。琉球漆器は制作された琉球で使われただけでなく，日本の将

---

*2　　　　沖縄県浦添市にある琉球王国の陵墓である。英祖王陵と尚寧王陵のふたつの墓室を中心に墓庭，門，石垣囲いからなる。国の史跡・浦添城跡の一部で，英祖が1261年に築き，尚寧王が1620年に修築したと伝えられている。丘陵上には「浦添グスク」や「伊祖グスク」「真久原遺跡」などの遺跡がある。これらの遺跡から多数の漆の出土品が見つかり，筆者たちはそれらの一部を科学分析した。

[**表2-1**] 琉球の漆芸の特徴と移り変わり

時代	主な琉球漆芸
16〜17世紀	朱漆に沈金・螺鈿
17〜18世紀	黒漆に螺鈿
19〜20世紀	朱漆に箔絵
20世紀〜	朱漆に堆錦

(浦添市美術館資料より引用)

軍や大名家に献上され,中国皇帝への朝貢品として,またヨーロッパの国々への輸出品として,海を渡っていった。オーストリアのチロルのハックスブルク家の宝物館のあるアムラス城には,1596年の遺産目録に「朱漆花鳥沈金椀」が記載されている。またポルトガル・ポルト市立博物館には「葡萄栗鼠文様の丸い盾」,同じくポルトガルのリスボン古代美術館には「黒漆箔絵・螺鈿の四角盆」が収蔵されているが,これらは東南アジア産かインド産の漆器に琉球の高度な漆芸で加飾が施されたと考えられている。

16世紀には,細密な線彫りの沈金や,伸びやかに文様を描いた朱漆螺鈿など,琉球独自の優れた漆工芸品が生み出された。

1609年に琉球王国は島津藩に征服されたが,漆芸は,その支配下にあって,日本の影響を受けながら螺鈿を中心に独自の漆芸を発展させた。王府の貝摺奉行所(かいずり)では,将軍家への献上品や諸大名への贈答品,あるいは中国皇帝への朝貢品として,黒漆に精巧な螺鈿細工を施した作品が製作された。19世紀になると民間工房による生産も盛んになり,再び朱漆が多くなり,また量産に適した箔絵や堆錦による簡単な文様が多くなった([**表2-1**])。

● 琉球漆器に使われた漆

　14世紀の琉球では、東アジアやアジア諸国との間で交易があったので、漆液を輸入していた可能性がある。15世紀ころには、日本から生漆を輸入し、中国に漆器を輸出していた。17世紀初頭から18世紀半ばには、八重山諸島で漆を植林していたことを示す史料がある。近世後期の、琉球王府貝摺奉行所製の漆器製作の仕様を記録した貝摺奉行所文書には、「吉野漆」「和地漆」「唐地漆」など漆の名称が記入されており、日本産や中国産の漆を使用したことがうかがえる。

　時代によっても漆をめぐる状況には違いがあるので、琉球漆器に使われるウルシの産地が、ウルシオールが主成分の日本や中国、朝鮮半島なのか、ラッコールが主成分のベトナムか、チチオールが主成分のタイやミャンマーのものか、確定することはできない。事実、浦添市美術館所蔵の漆工芸品6点の漆器片を熱分解−GC/MS分析法で(p. 90参照)分析したところ、4点は*Toxicodendron vernicifluum*の漆液が使われ、2点は*Toxicodendron succedaneum*の漆液が使われていたことがわかった。現在は消滅したハゼノキ（アンナン系）のウルシがあった可能性も否定できない。

● 琉球の漆芸

　琉球漆器の特徴は、漆芸とデザインの素晴らしさにある。これは王府に貝摺奉行所があり、専任の絵師がおり、その卓越した技術で高品質の作品が制作され、琉球王国の名で中国皇帝への朝貢品、将軍家や大名家への献上品になったためである。

　琉球の加飾技法は多種多様であるが、総じて中国的な要素が

強く,東南アジアや日本の影響もうかがえる。技法としては沈金,箔絵,螺鈿,堆錦が代表的であるが,それらに加えて密陀絵,漆絵,堆朱なども見られ,数多くの種類の漆器が存在している。このうち代表的な沈金,箔絵,螺鈿,堆錦について以下に説明する(口絵写真[1-1～4])。

・沈金

　沈金は漆塗り面に刃やのみで文様を彫り,そこに漆を摺りこんだ上から金箔を貼りつけ,刻線に金箔を付着させて文様を表現する技法である。15～16世紀の琉球の沈金の技術と文様は大いに発展した。その文様は鳳凰,花鳥図,唐草文がいきいきと表現され,完成度の高い作品が多く作られた。浦添市美術館所属の「緑漆鳳凰雲点斜格子沈金」は丸櫃で,現存する沈金ではもっとも古く優れた作品である。

・箔絵

　箔絵は漆で文様を描いて,そこに金箔を貼る技法である。初期の箔絵は鳥獣草花文が多く,盆や椀の全面に文様を描き,隙間のないほど緻密な構図となっている。17世紀以前は的確で優れた技術による人物や樹木の描写で漆器が加飾されていた。18～19世紀には鳳凰雲文や孔雀牡丹文を描いた衣装箱「朱漆山水人物箔絵東道盆」があり,だんだん形式化されて,量産化に適した技法に変化していった。

・螺鈿

　螺鈿漆器は，主に夜光貝を使用して行われていた。夜光貝は黒潮流域に生息し，北限が琉球近海で，非常に美しい色を放つ。螺鈿漆器は，夜光貝や鮑(あわび)の殻を砥石で平らに研磨し薄片にして，あるいは貝を煮て，貝の層を一枚一枚はがして薄板にして，文様に切り，漆塗装面に貼って加飾する技法である。夜光貝をふんだんに使用した琉球漆器の螺鈿は，琉球王朝文化の象徴として世界各国の美術館や博物館の至宝として保存されている。浦添市美術館所蔵の「朱漆牡丹尾長鳥螺鈿卓」は初期の朱螺鈿の代表作である。17～18世紀以降の琉球では，黒漆に薄貝が多く用いられた。黒漆に貝を貼ると全体が青く輝くので，この技法を「青貝」と呼んでいた。

・堆錦

　堆錦は琉球漆工芸の加飾の中でもっとも新しい技法である。この技法は高温多湿の沖縄ならではの独特のものである。くろめ漆（p. 46参照）に顔料をたくさん混入し，金づちで叩きながら餅状にして延べ棒で薄く延ばして，文様に切り取り，それを漆面に貼りつける。これにより漆面に立体的な表情を作り，着色して仕上げる。この技法は19世紀頃には量産に適した技法として定着し，印籠やさまざまな箱類，東道盆などの加飾に使われた。

●────**現在の琉球漆器**

　沖縄の気候は高温多湿で，漆の乾燥に適している。この条件のもとでは漆は濁らず，早く透明になり，顔料の色が鮮明になる。朱

塗りは鮮やかに輝き，黒漆は透明感が増す。そのため琉球漆器は内側を朱に，外側を黒にしたものが多い。赤と黒のコントラストが鮮明で美しい特徴がある。これらの特徴を活かし，現在も，伝統的な加飾技法である沈金，螺鈿，箔絵および堆錦を用いた琉球漆器が作られている。

4　アジアの漆

●──中国の漆の歴史と文化

前述のとおり，中国からは，約8000年前〜7000年前の漆器が出土している。

漆芸家で蒔絵の人間国宝，室瀬和美は，著書『漆の文化』（角川選書）の中で，「現在の漆工技術は，ほとんどが中国大陸から伝えられたものだ」と書いている。前述のとおり，出土漆の年代からだけ考えると中国より日本の方が古いことになるが，原産地等をめぐる詳細はまだ不明である。

●──韓国の漆の歴史と文化

朝鮮半島の最古の漆器としては，平壌郊外の墳墓から発見された漢の「楽浪漆器」が知られている。朝廷工人による漆器としては，茶戸里遺跡（紀元前1世紀）出土の黒漆塗りの高杯や筆などがある。高麗時代や朝鮮王朝（李朝）時代には螺鈿が主流になる。緻密な高麗螺鈿と大らかで斬新な李朝螺鈿の対照的な意匠表現は，日本の漆芸にも大きな影響を与えた。現在では，螺鈿で装飾した家

具や透漆(すきうるし)(p. 47参照)の仏具などが店頭に並ぶ。

　漆液はウルシオールが主成分である。ウルシは北部の江原道一帯で植栽されており，滋養の高い食材として，伝統料理にも用いられている。

● ──── **東南アジアの漆芸**

・**ミャンマーの漆芸**

　ミャンマーの漆工芸は，11世紀のバガン(Bagan)王朝のころに始まり，およそ1000年の歴史があるといわれる。漆器は今も人々の暮らしに息づいており，寺院や僧侶の傍らには，金箔やガラスで飾られた荘厳な供物具の漆器が並ぶ。食物や衣類の容器には，ウルシの特性である防水性や防虫性が活かされている。ミャンマーの漆器工房はバガン遺跡の近くの町を中心に営まれ，竹を巻き上げた捲胎(けんたい)や網代編みにした籃胎(らんたい)素地や，馬の尾を編んだ馬尾胎(ばびたい)素地に，線刻文(蒟醬塗り(きんま)[*3])や箔絵，堆起漆箔押などの漆器が製作されている。

　漆液は，ビルマ漆と呼ばれ，チチオールが主成分で，ウルシの木はほぼミャンマー全土に分布するが，北部シャン高原一帯で採取される樹液が良質とされる。

....

*3 ──── 蒟醬（きんま）とは，漆器表面に文様を線彫りし，その中に彩漆を充塡し，乾いた後に研ぎ出す，タイやミャンマーに伝わる漆工芸技法である。日本にはアユタヤとの交易を通じてタイの漆器がもたらされ，そのおりに蒟醬という呼び名が定着したと考えられている。日本では香川漆器の中にこの技法の流れを見ることができる。

[表2-2] 中国の漆文化　その年代　主な遺跡と出土物

7000年前	黒色漆塗筒形木器(田螺山遺跡)，黒漆塗装飾建築部材，褐色漆塗彩文土器(浙江省文物考古学研究所)
7000年前	河母渡遺跡　赤ベンガラ漆塗りの台付椀
6000年前	馬家浜(ばかほう)文化　黒漆塗りの高坏
5600年前	崧沢(すうたく)文化　漆塗りの坏
5200〜4300年前	良渚(りょうしょう)文化　漆塗りの木器

・タイとラオスの漆芸

　タイの漆器は，仏教寺院や王室を飾る工芸として発達してきた。漆器の生産地としては，タイ北部のチェンマイが広く知られている。チェンマイでは，箔絵や籃胎素地に朱と黒色の線刻技法(蒟醤塗り)による加飾を特色とする。現在では，漆絵や卵殻，沈金などさまざまな技法も展開されている。螺鈿は，15世紀のアユタヤ朝のころから製作されており，王室を中心に用いられてきた。現在螺鈿は，バンコク近郊の村では法具類の製作に用いられている。

　ミャンマーやラオスと国境を接し，中国に間近な北部の山林に，ミャンマーのものと同成分とされるウルシが分布しているが，現在は採取が行われていない。

　ラオスでは，寺院の内外を箔絵で飾っている。ルアンパパーンの旧宮殿は国立博物館となっており，金箔の扉や王室で使われた豪華な漆器から，かつての漆文化が偲ばれる。現在では廃れてしまった漆器の製作やウルシの採取だが，志のある職人もおり，漆芸復興を期待したい。

・ベトナムの漆芸

　漆の技術は，およそ紀元500年に中国から伝わったとされ，今も脈々と受け継がれている。伝統的な漆器の茶台やホップチャウ（丸櫃）は木地螺鈿を用いたものであり，中国的な文様で飾られている。また，大規模な漆工場では，輸出用の大型の壺や絵画的な漆絵パネルなどが熟練した技で製作されている。さらに，漆を用いた文化財の修復が，歴史的建造物であるハノイの文廟やフエの宮殿で行われている。大学教育においても漆画科が設置され，漆による絵画表現をアジア美術の特色として積極的に推進している。加飾には，螺鈿や漆絵，白檀塗，卵殻などが用いられている。また，ベトナムでは漆は身の回りの生活用品の塗装だけでなく，竹で作った舟底の塗装にも使われている。

　ベトナムで採れる漆液はラッコールを主成分とし，ハノイの郊外で栽培されている。この漆は自国の漆器制作に使われているだけでなく，日本や中国へ輸出されている。

5　ヨーロッパとの漆交流

●──南蛮漆器，輸出漆器および模造漆

　天文18年（1549年），フランシスコ・ザビエルが鹿児島にキリスト教を伝えたころは，蒔絵（漆工芸加飾法の一種）の黄金時代であった。蒔絵に大きな魅力を感じた宣教師は，それで教会の祭儀具やキリストの像や聖母マリアの像などを入れる額や聖書を載せる台を作らせた。これらを本国に送るところから，漆工芸品の輸出が始ま

[写真2-2] 南蛮漆器　洋櫃（高29cm×縦24.5cm×横43cm）浦添市美術館所蔵

ったといわれている。

　ヨーロッパの貴族は競ってこのような漆工芸品を収集した。マリア・テレジアやフランス王妃マリー・アントワネットも蒔絵を収集していたといわれている。ウィーンのシェーンブルン宮殿には漆の間があり，黒漆のプレートに豪華な金箔を施した枠が壁面にはめ込まれていて，そこには花や鳥，風景が描かれている。このような南蛮漆器や輸出漆器は，ヨーロッパの人々の注文を受けて作られているため，異国的な味わいと魅力をもっている。当時ヨーロッパには，漆器だけでなく，焼き物，着物，草履など日本の文化や生活様式も伝わり，日本ブームが起きていた。

　ドイツやイギリスなどヨーロッパの美術館や博物館には，多くの南蛮漆器（輸出用の漆器）が保存・展示されている。ドイツのミュンスターには漆専門の漆工芸博物館（Museum für Lackkunst）まであり，

古い時代の南蛮漆器から現代の漆工芸品まで数多く展示されている。

当時特に注目されたのは，艶やかな黒い塗膜に金銀の蒔絵で装飾し，また夜光貝や鮑の貝殻を加工して黒漆の表面に貼りつけて文様を表す技法を施した螺鈿だった。ウルシの木が生育しないヨーロッパでは，この黒い光沢のある漆に似た塗料を開発する実験が行われた。当時は，サンダラックやコパールオイルなどの天然樹脂をもとにしたニスが使われており，またシェラックやアマニ油を用いた塗料が家具の塗装に使われていた。これらはいずれも薄い琥珀色をした透明度の高い塗料で，これに顔料を加えた塗料もあったが，漆のように黒い塗料や光沢のある塗膜を得る方法はなかった。

日本や中国から輸入した漆工芸品が貴族しか購入できないほど高価であったことや，東洋への憧れから漆工芸品への需要が高まったことを受けて，17〜18世紀にドイツでコパールなどの天然樹脂を用いたジャパニングと呼ばれる技法が開発された。ワニスを塗り重ね，その都度加熱乾燥と磨きの工程を組み合わせて仕上げることで模造漆が作られ，ドイツではこのような産業が大いに賑わったといわれている。

ジャパニング技法は，17世紀後半にロシアに伝えられ，フェドスキ塗りになった。フェドスキノ塗りは，ロシアの景観や静物画に金粉や銀粉を蒔き，それに貝細工と細密画の技法を施した塗装品である。ロシアン漆器と呼ばれ，現在もいろいろな器物やアクセサリーの装飾に使われている。

漆器のもたらした影響

16世紀に日本から輸出された蒔絵は，南蛮漆器，輸出漆器としてヨーロッパのもの作りや文化に大きな影響を与え，塗料の開発を促した。蒔絵は，ヨーロッパにおける器物の装飾法であったデコパージュ（Decoupage）やトール・ペインティング（Tole painting）などのハンドクラフトに大きな影響を与えたともいわれている。

デコパージュは17世紀頃イタリアの家具職人が日本の蒔絵や漆工芸品に魅せられて模倣したのが始まりで，この方法はフランス，ドイツ，イギリスに広まり，一般的な器物の装飾法になった。その後，印刷技術やアクリル樹脂の開発により，プリント柄を家具，陶器，ガラス製品あるいはアクセサリーなどに貼り，仕上げ剤を塗り重ねることで，加飾が容易になったことから世界的に流行している。

トール・ペインティングは18世紀はじめにイギリスで開発された金属の装飾法で，漆に似せたジャパニング技法を用いて，薄い鉄板や薄いスズ膜で覆ったブリキにアスファルトとニスを組み合わせた塗料を塗り，炉で熱処理をする方法である。強固で耐久性があり，光沢のある装飾を施すことができる。

このような漆工芸品は日本からの輸出だけではなく，中国や東南アジアの諸国からも輸出されていたため，その来歴や文化の交流を探る研究が始まっている。

筆者らは，高分子材料の特性や同定に用いられている熱分解-ガスクロマトグラフィーと質量分析計を組み合わせた分析手法を応用して，この研究課題に取り組んでいるが，南蛮貿易や輸出漆器で海外に渡った漆工芸品の剝落片を海外の博物館や美術館から入手して分析したところ，ウルシ（*Toxicodendron vernicifluum*）のみなら

ず,ハゼノキ(*Toxicodendron succedaneum*)やビルマウルシ(*Melanorrhoea (Gluta) usitata*)を使っているのが明らかになった。ヨーロッパに渡った漆工芸品は,日本のみならずベトナムやミャンマーなど東南アジアの漆も使っていたのだった。ドイツには漆塗り様の工芸品があるが,その塗膜を分析したところ,ウルシ成分はまったく含まれておらず,種々の天然樹脂が認められた。このような塗り物は模造漆である。

参考文献

・伊藤清三著『日本の漆』,東京文庫(1979).
・漆工史学会編『漆工辞典』,角川学芸出版(2012).
・岡村道雄著『縄文の漆』,同成社(2010).
・北野信彦,小檜山一良,竜子正彦,高妻洋成,宮腰哲雄「桃山文化期における輸入漆塗料の流通と使用に関する調査」,『保存科学』No.47, 37-52(2008).
・寺田晃,小田圭昭,大藪泰,阿佐見徹編著『漆 —その科学と実技—』,理工出版社(1999).
・永瀬喜助著『漆の本 —天然漆の魅力を探る—』,研成社(1986).
・松井悦造著『漆化学』,日刊工業新聞社(1963).
○宮腰哲雄「第1章 道具製作にみる技術と地域性『縄文漆工芸にみる技術と多様性』」,『季刊考古学 別冊21号 縄文の資源利用と社会』,阿部芳郎編,50-57,雄山閣(2014).
・宮腰哲雄,永瀬喜助,吉田孝編著『漆化学の進歩』,アイピーシー(2000).
○山府木碧,宮里正子,岡本亜紀,本多貴之,宮腰哲雄ら,「歴史的な漆工芸品の科学分析 〜浦添市美術館所蔵の『朱漆楼閣山水箔絵盆』について〜」,『よのつぢ』(浦添市文化部紀要),第11号,39-48(2015).
・Ju Kumanotani, *Progress in Organic Coatings*, 26, 163(1995).
・Rong Lu, Takashi Yoshida, and Tetsuo Miyakoshi, Reviews Oriental lacquer: A Natural Polymer, *Polymer Reviews*, 53:153-191(2013).

第3章
漆器の制作と加飾

1　漆の種類

　漆は艶があり，水を通さず丈夫で熱にも強いことから，椀，箸，盆などの生活用具の保護と装飾に使われてきた。

　漆の塗りものとしての価値は，その艶にあり，それが高級感を醸し出している。単にキラキラと輝く光沢だけではない，塗膜が作る鏡のように奥行きのある深みと，きれいにものを映す鮮映性は，ほかには比べるものがない。

　漆塗りにはいろいろな漆液が使われているが，ウルシの木から搔き取り集められたままの漆液は荒味漆（あらみうるし）と呼ばれている。荒味漆は木屑などの夾雑物を含んでいるので，それを取り除くために綿を使って濾過を行うと，黄褐色の生漆（きうるし）が得られる。生漆は漆工芸品の下地工程，蠟色（ろいろ）*1仕上げ磨きの工程に用いられ，また後述する摺り漆や拭き漆にも使われる。

　生漆に「なやし」と「くろめ」という処理を施したものが精製漆で，ここまで来ると透明度が高まっている。「なやし」とは漆液を木製の容器に入れ攪拌して漆の成分を均一にする工程で，「くろめ」とは漆液中の水分を弱く加熱して蒸発させる工程である。このとき完全に水分を蒸発させると，漆液は乾かない「失活した漆」になり，使いものにならなくなってしまうので，少量（3〜5％）の水分を残してお

---

*1────蠟色とは，漆塗りの独特の表現である。その塗り肌が蠟のようにしっとり濡れたようで，それでいて光らない落ち着いた艶を指す。蠟色漆は，無油の精製漆を塗って乾燥した後，木炭で研磨して平滑にし，その上に生漆で摺り漆をして，乾燥する。その後，鹿の角粉で磨くのである。そうすると蠟面のように漆独特の艶になる。

[**写真3-1**] 漆液の精製装置(写真提供＝輪島漆器商工業協同組合)

[**写真3-2**] 生漆と精製漆の漆膜

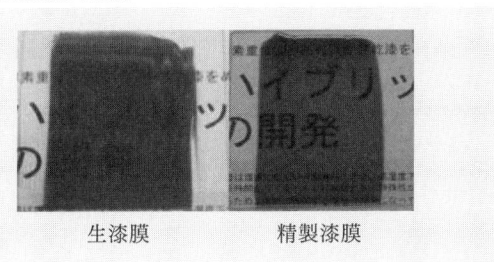

　　　　生漆膜　　　　　精製漆膜

くことが肝要である([写真3-1])。

　このような工程を経て調製された精製漆は，やや黒色に変化することから，黒目漆と呼ばれ，透明度も高くなる。生漆をガラス板に薄く塗るとその向こう側は見えにくくなるが，精製漆だと反対側が透けて見える。精製漆で器物を塗装すると透明性を保ったまま光沢が出る。器物の上塗りに用いられるゆえんである([写真3-2])。

[図3-1] 漆の種類

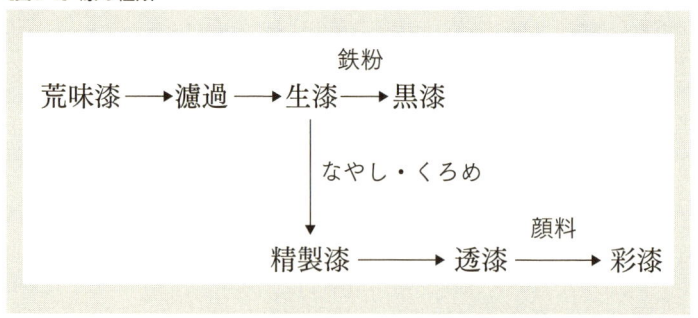

```
                           鉄粉
  荒味漆 ──→ 濾過 ──→ 生漆 ──→ 黒漆
                      │
                      │ なやし・くろめ
                      ↓                        顔料
                    精製漆 ──────→ 透漆 ──────→ 彩漆
```

　精製漆には多くの種類があるが，大別すると透漆（すきうるし）と黒漆がある。透漆は透明度の高いもので，これに顔料を練り込むと彩漆（いろうるし）になる。黒漆は生漆に鉄粉あるいは水酸化第一鉄の水溶液を混ぜて作る。これによりできる黒色の漆液は，「烏の濡れ羽色」で，最高級の黒色とされる。黒漆は油煙や松煙などのカーボンブラック（炭素の微粒子）を漆液に加えて作ることもできるが，漆液に大量のカーボンブラックを加えると粘稠（ねんちゅう）になるので，大量に用いることはできない。鉄を用いて作る黒漆は，まさに漆黒（しっこく）で，粘度も適正，黒色漆液として使いやすい（[図3-1]）。

　漆膜に光沢や艶を出して乾くようにアマニ油や荏油（えのあぶら）などの乾性油を加える有油漆があり，これは塗り立てに用いられる。一方，油を添加しないでくろめただけの無油漆は艶や光沢を抑えた漆特有の漆艶を有する塗り肌になり，蠟色仕上げに用いられる（[図3-2]）。

　漆液は良好なバインダー・つなぎで，各種顔料を高い濃度で分散安定化させ，いろいろな素地と強く結着する性質がある。また彩

[図3-2] 精製漆と有油漆

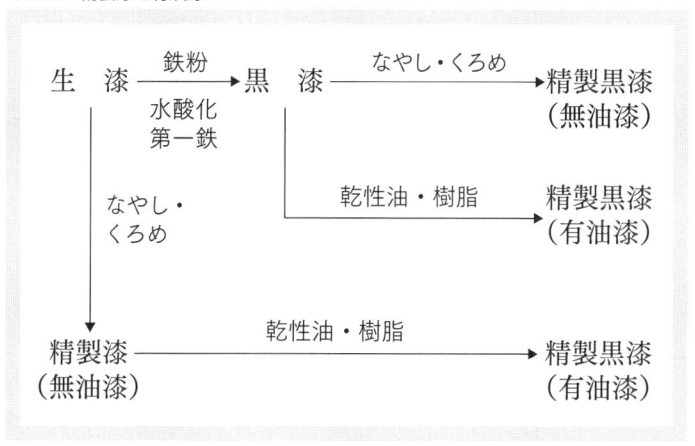

```
生　漆 ──鉄粉──→ 黒　漆 ──なやし・くろめ──→ 精製黒漆
       水酸化                                    （無油漆）
　│    第一鉄        │
　│                  │  乾性油・樹脂         精製黒漆
　│なやし・          └──────────────→    （有油漆）
　│くろめ
　▼
精製漆 ──────乾性油・樹脂──────→ 精製黒漆
（無油漆）                              （有油漆）
```

　漆は延展性が高く肉持ちがよいため，細く長い線が描ける。そのためアイデアやデザインの多様性と漆の特性を活かして美しい工芸品を作る材料になっている。

　前述のとおり，透漆に顔料を練り込むと彩漆になる。朱漆は，辰砂（硫化水銀，水銀朱）を加えた漆である。ベンガラは酸化第二鉄が主成分で，精製漆と練り合わせることで調製され，蒔絵の下書き漆や赤色系漆として使われている。

　漆の色は朱と黒だけでなく，明るい朱から，渋い朱，茶色，ワインレッド，オレンジがあり，また緑色，青色，ピンクなどいろいろな色のバリエーションがある。漆液そのものは淡褐色なので，その塗膜は褐色になる。そのため白色の塗膜はできない。白色の顔料であるTiO_2（二酸化チタン）を漆液に加えるとアイボリーになる。

[表3-1] 主な顔料と色彩

色	顔料名	組成	顔料の色	漆に混練りしたときの色彩
赤色系	辰砂	HgS	赤	朱色
	ベンガラ	Fe_2O_3	赤褐色	赤色
	鉛丹	Pb_3O_4	赤黄色	赤黄色
黒色系	鉄	Fe		黒色
	油煙, 煤	カーボン		黒色
黄色系	石黄	As_2S_3		黄土色
	雌黄	ガンボージ樹脂		淡黄色
緑色	藍	インジゴ		緑色
青色	岩群青	$CuCO_3 \cdot Ca(OH)_2$, $C_{16}H_{17}N_2O_2$		緑色
白	二酸化チタン	TiO_2		アイボリー

2　漆塗り

　漆器の骨格になる部分には木材や竹などが多く使われているが，それを素地や胎と呼んでいる。木で作ったものは木胎で，竹で作ったものは籃胎である。そのほかにも，布，皮，陶磁器など，さまざまな素地が使われ，特に入手しやすく加工しやすい植物の素材がよく使われている。

　漆の特性を活かした漆塗りには多くの技法が知られているが，ここでは典型的な漆器や漆塗りについて解説する。

　鳴子漆器（宮城県）は，木地にケヤキ材を使い，木目の美しさをそのまま見せるもので，小田原漆器（神奈川県）は，堅く木目のきれいなケヤキに生漆で拭き漆を行い，仕上げ塗りは透明な透漆で行う。

　下地をつけずに木地に直接漆塗りを行うのが「拭き漆」である。

[表3-2] 漆液のさまざまな利用法

塗料として利用する
・一般の漆器　木材，木粉を固めた素，プラスチック
・籃胎漆器　竹
・金胎漆器　金属
・陶胎漆器　陶器
・一閑張　紙
・印伝　革
・金唐革　革
・乾漆　漆だけで固めたもの
・堆朱，堆黒　漆を塗り重ねて彫刻する
・漆絵　漆で描いた絵
・ガラス

接着剤として利用する
・金箔や金粉の接着剤
・陶器の金継ぎ
・金糸，銀糸　和紙に金箔や銀箔を貼り糸にする

　木目のきれいな素地に，生漆を摺りつけ，余分な漆を布で拭き取って乾燥させる。この作業を繰り返すと，しっとりとした艶のある漆膜ができる。木肌の美しさを活かした最高級の家具や建築内装品は，こうして作られる。

　木地に対する漆の吸い込みを止める目処作業の後に赤色や黄色の染料で色付けを施し，最後に透明度の高い透漆を塗り立てて仕上げるのが春慶塗である。春慶塗は全国的に行われるようになり，飛驒春慶（岐阜県），吉野春慶（奈良県），粟野春慶（茨城県，口絵写真［3-1］），能代春慶（秋田県），白子春慶（青森県）などと呼ばれている。

[表3-3] 蠟色塗りの漆器制作工程表

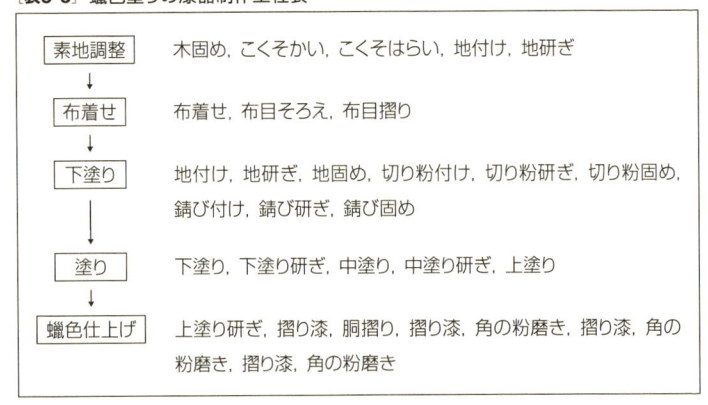

工程	作業内容
素地調整	木固め，こくそかい，こくそはらい，地付け，地研ぎ
布着せ	布着せ，布目そろえ，布目摺り
下塗り	地付け，地研ぎ，地固め，切り粉付け，切り粉研ぎ，切り粉固め，錆び付け，錆び研ぎ，錆び固め
塗り	下塗り，下塗り研ぎ，中塗り，中塗り研ぎ，上塗り
蠟色仕上げ	上塗り研ぎ，摺り漆，胴摺り，摺り漆，角の粉磨き，摺り漆，角の粉磨き，摺り漆，角の粉磨き

　春慶漆は透明度の高い日本産漆を使うが，その精製時には荏油やアマニ油を混合して，光沢と透明性をよくしてある。一般に漆液は高い湿度下で乾燥すると，その塗膜は濃色となる。しかし漆液を比較的低い湿度下でゆっくり乾燥させるか，あるいは漆液にクエン酸を加えてゆっくり乾燥させると，その塗膜は淡黄色になる。このような条件下で美しい春慶漆器は作られる。

3　漆の加飾

　「彫漆」には「堆朱」や「堆黒」と呼ばれる技法がある。これは中国の漆芸で，漆を何十回～数百回も塗り重ねて硬く厚い漆層を作り，そこに文様を彫るというもので，彫られた文様の断層には漆の層が

見える。これに対して日本の「堆朱」は，木彫りの上に朱漆を塗ったもので，鎌倉彫(神奈川県)や村上木彫堆朱(新潟県)が有名である。このほか，「堆錦(ついきん)」や「螺鈿(らでん)」といった琉球漆器(沖縄県)の代表的な加飾法については，第2章を参照していただきたい。

　漆塗りの仕上げ法には2種類あり，ひとつは「塗り立て」あるいは「塗りっ放し」で，これは上塗り漆を乾かしたままで仕上げる技法である。これに対して，「蠟色塗り」あるいは「蠟色仕上げ」は，上塗り漆が乾いた後，木炭で研磨して平滑にし，研ぎ傷に生漆を摺りこんで埋め，磨き粉を用いて仕上げる技法である。この手法を使うと，表面は鏡面のようになり，独特の艶をもつきれいな塗り肌になる。
　美しい外観からはシンプルな作りのように見えるかもしれないが，漆器は，このように多くの工程を経て，細かな作業を繰り返し，ていねいに作られている。
　漆をより美しく豪華に見せるために，金粉や銀粉あるいは金箔で漆器の表面に絵模様を施したものが「蒔絵」である。この加飾法は日本独特の伝統技術であり，世界に誇る美術工芸品を生み出している。
　まず，漆器の表面に漆で絵や文様を描き，漆が乾かないうちに金粉や銀粉を蒔きつけて乾燥硬化させる。このとき漆は接着剤になり，金粉・銀粉をしっかりと固定する。さらにその後，漆を薄く塗り，乾燥後砥石の粉などで研ぎと磨きを繰り返す。漆のついている部分に金粉や銀粉が接着して絵や文様が現れる。漆黒の塗り肌に金粉，銀粉，あるいは金箔が浮かび上がる色彩のコントラストが美しく，豪華な装飾法である。

[**表3-4**] 消し蒔絵の工程表

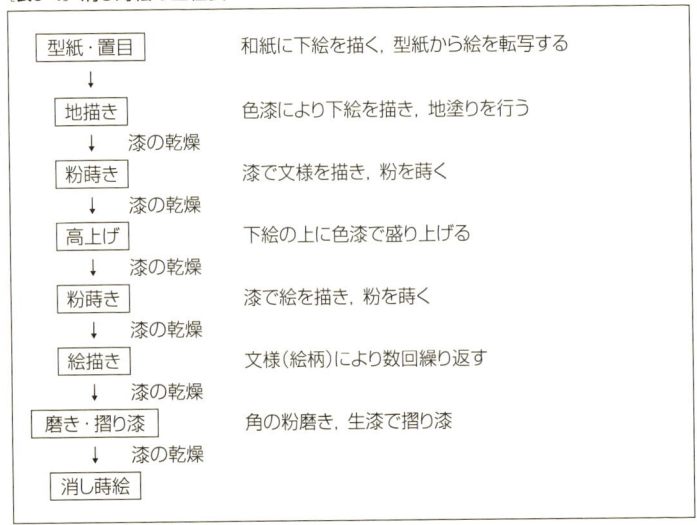

```
型紙・置目        和紙に下絵を描く,型紙から絵を転写する
  ↓
地描き           色漆により下絵を描き,地塗りを行う
  ↓ 漆の乾燥
粉蒔き           漆で文様を描き,粉を蒔く
  ↓ 漆の乾燥
高上げ           下絵の上に色漆で盛り上げる
  ↓ 漆の乾燥
粉蒔き           漆で絵を描き,粉を蒔く
  ↓ 漆の乾燥
絵描き           文様(絵柄)により数回繰り返す
  ↓ 漆の乾燥
磨き・摺り漆      角の粉磨き,生漆で摺り漆
  ↓ 漆の乾燥
消し蒔絵
```

　蒔絵には,消し蒔絵,平蒔絵,高蒔絵,研ぎ出し蒔絵,木地蒔絵,その他複合的な技法がある。そのうち,消し蒔絵は,以下のような手順で作られる。まず和紙に下絵を描き,それを素地に転写し,色漆で地塗りを行う。漆液の乾燥具合を見て,粉を蒔く。さらに下絵の上に色漆で盛り上げる。文様(絵柄)によりこの作業を数回繰り返す。その後,研ぎと摺り漆を行い,完成となる([**表3-4**][**写真3-3**])。

[**写真3-3**] 消し蒔絵の製作工程写真（主な工程1〜6）

1. 型紙（下絵）　2. 下絵描き　3. 消し粉蒔き
4. 高上げ　5. 乾燥　6. 完成品（牡丹高蒔絵）

まとめ

　漆塗りと加飾の作業は長い経験と技術をもつ熟練した職人による手作業であり，美術工芸品から高級仏壇・仏具にわたって加飾・装飾が行われている。植物資源である漆を生活用品や美術工芸品の塗装材料として使うだけでなく，漆の特性を活かして新しい塗装材料や接着剤として利用し，工業用塗装や工業意匠に使うことで，伝統と歴史のある漆がさらに活用され用途が広がるだろう。

　漆は決して古い昔の材料というだけではなく，現代社会においてもそれを利用する意義は大きい。漆工芸は日本の伝統工芸や文化

を継承するだけでなく，環境保全や省エネルギー，安心・安全な生活にも貢献するからである．

参考文献

・伊藤清三著『日本の漆』，東京文庫(1979).
・漆工史学会編『漆工辞典』，角川学芸出版(2012).
・寺田晃，小田圭昭，大藪泰，阿佐見徹編著『漆 ―その科学と実技―』，理工出版社(1999).
・永瀬喜助著『漆の本 ―天然漆の魅力を探る―』，研成社(1986).
・松井悦造著『漆化学』，日刊工業新聞社(1963).
○宮腰哲雄，鈴木修一，山田千里，陸榕「漆の可能性を探る12章」『塗装技術』，110-117(2010).
・宮腰哲雄，永瀬喜助，吉田孝編著『漆化学の進歩』，アイピーシー (2000).
・Ju Kumanotani, *Progress in Organic Coatings*, 26, 163(1995).

第4章
漆かぶれとは何か

1　漆かぶれ

　漆のことを話していると，いつのまにか漆かぶれの話になっていることが多い。

　日本人の心理の中に，「漆＝かぶれ」という図式ができていて，漆は怖いとの思いが語りつがれてきたためだろう。最近は山野でウルシの木を見かけることもなく，ウルシの木に接触する機会もないから，昔ほど漆かぶれを怖がることはなくなっていると思うが，漆かぶれの伝説は健在のようだ。しかし，もちろん大事なのは，漆かぶれについての正しい知識を得ることに違いあるまい。

　ときどき漆器でかぶれたという人の話を聞くこともあるが，一般に漆器で漆かぶれになることはない。かぶれはウルシの木が生産する漆液に触れた場合に起こるアレルギー反応であるから，漆液に触れてかぶれる人もいれば，中にはまったくかぶれない人もいる。

　漆かぶれは，漆液の主要な成分であるウルシオールに接触した場合に起こる接触性アレルギー反応であり，皮膚の炎症である。ウルシオールは漆液に70～80％含まれているが，かぶれは0.01～0.001％の濃度のきわめて微量のウルシオールでも発生する鋭敏な反応である。かぶれは漆に触れた後，通常24時間から48時間後に発症することから，遅延型アレルギー性接触性皮膚炎と呼ばれているが，このかぶれは通常治癒後は跡を残さずきれいに治る。反応が起こると，まずかゆみが出て赤い発疹が現れる。症状が重いと水疱が生じ，全身に及ぶことがある。

　かぶれを起こすのはウルシの木の樹液だけではない。ウルシ属の植物，たとえばハゼノキ，ヤマウルシ，ツタウルシ，あるいはヤ

マハゼでも炎症を起こす場合がある。ウルシの木は植栽しないと生えないが、ウルシ属植物は陽樹であるから、日当りのよいところを求めて自然に繁殖する。またマンゴー、カシューナッツの殻油、イチョウの葉、銀杏の実などでもかぶれることがある。

このような漆かぶれは、日本だけでなくアメリカにもある。アメリカにはウルシの木のかわりに、アイビー(poison ivy, poison oak)と呼ばれる毒ツタがある。アメリカの名門リーグ、アイビーリーグのアイビーである。毒ツタに触れると漆のようなかぶれを発症する人が多く、それに対応する医学的研究が盛んに行われている。

●——— 漆かぶれの防止法

漆かぶれの根本的な治療法はまだ確立されていない。漆に触ってしまった場合は、まず漆が付着したところをオリーブ油や食用油で拭き取り、その後石けんで洗い流すとよい。溶剤で拭き取ると、溶剤のために漆液のウルシオールが皮膚に浸透するためよくない。

漆かぶれの発疹が現れたら、皮膚科に行き治療してもらう方がいい。局所治療として副腎皮質外用剤、またはかゆみに対しては抗ヒスタミン剤が処方される。一時的にステロイド薬が効果的であるが、持続的に効かない。またかぶれが重い場合は抗生物質が処方されることもある。

しかし、漆かぶれは日常的に漆に触れることで耐性あるいは慣れが生じ、かぶれなくなることが知られている。漆に常に触れている職業の人は、漆かぶれに強くなっていてかぶれない状態になっている。漆かぶれに対しては、今のところ耐性を獲得すること、すなわちトレランス(免疫寛容)になることを期待するしかない。

日本では漆は主に塗料と捉えられ，かぶれの心配までするのに，なんと韓国ではウルシを食材と捉え，料理に使う。ウルシは血行促進，肝機能の回復に役立ち，また強壮作用があると考えられている。烏骨鶏の肉とウルシの枝を一緒に煮込んだオッタタン（漆鶏湯），オッサンゲタン（漆参鶏湯）は漆が入った若鶏スープである。

　そのため韓国の市場には，調理用のウルシの枝，樹皮が販売されている。このほかにも，漆は飲料や石けんなどの原料としても利用されている。

　実をいうと，日本でもウルシを食に使う利用法がないわけではない。ウルシの新芽や若葉は珍味として天ぷらやみそ汁の食材になっているし，ウルシの花から採れた蜂蜜が一部の地域で販売されている。これは漆かぶれに対する免疫がつくように食べたのが始まりのようで，山菜のような独特のえぐみが少なく食べやすいといわれている。一部の産地では，ウルシの花や若葉をアルコールに浸してリキュールを作っており，肝臓などの強壮になると親しまれている。

2　漆かぶれの化学

●────**感作と発症**

　漆のかぶれ反応は，漆液の中のウルシオールに接触することで起こるが，漆液に触れたからといってただちには起こらない。まず第一段階として，漆液に触れることが必要である。この段階を感作と呼ぶ。かぶれを引き起こすものが皮膚のタンパク質と反応することで抗原になる。この段階では漆かぶれの症状は出ない。ウルシ

オールは皮膚のランゲルハンス細胞に取り込まれて、リンパ節に移行する。そのため、たとえば指で漆液に触れても、そのかぶれは身体全体に広がり、顔や首、あるいはお腹にも発疹が出ることがある。

このような漆かぶれは、実は外敵から身体を守る防御の重要なシステムである。だから、漆かぶれは身体の防御システムが正常に機能していることを示すものだともいえる。

この感作という段階を経て、二度目に漆液に触れた場合、外敵の襲来に備えた症状として発疹や水疱ができるのが、漆かぶれである。

皮膚科では、漆かぶれの検査として、ウルシオールの成分の一つである3-ペンタデシルカテコール[*1]のきわめて希薄な溶液を使ったパッチ絆創膏を人の背中や上腕に48時間貼りつけて、その患部の皮膚のかぶれ反応を観察する。これがパッチテストである。

筆者たちは、3-ペンタデシルカテコールから3-ペンタデシルカテコールジアセテート（PDCDA）[*2]と3-ペンタデシルカテコールジメチ

[*1] 漆液の主要な脂質成分であるウルシオールが含有する成分の一つである。ウルシオールはいくつかの構造のよく似た化合物の混合物である。それぞれは15個の炭素からなるアルキル側鎖が置換したカテコールである。アルキル側鎖は飽和のものも不飽和のものもあり、ウルシオールにはこれらが混在している。

$R = (CH_2)_{14}CH_3$

[*2] 漆液の主要な脂質成分であるウルシオールが含有する成分の一つである3-ペンタデシルカテコールは水酸基（-OH）を2個有している。この水酸基の化学反応でアセチル基（-OCOCH$_3$）に置き換えたものが3-ペンタデシルカテコールジアセテートである。このアセチル基はやや不安定で、化学反応で徐々に分解して、もとの3-ペンタデシルカテコールに戻るのである。つまりこの化合物に触れると、ゆっくりであるが、漆かぶれになる。

[図4-1] ウルシオールの水酸基を保護した2つの化合物と、それらのパッチテストの結果

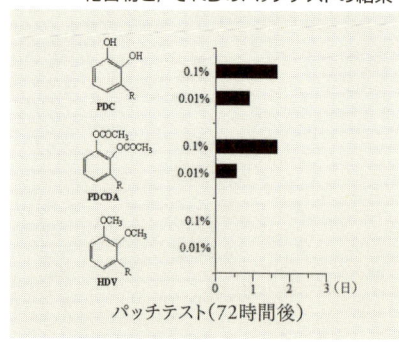

ルエーテル（HDV）[*3]を合成した。漆かぶれは、ウルシオールのフェノール性水酸基の影響で発症するといわれているが、それを確かめるためであった。そこで、ウルシオールのフェノール性水酸基をジアセテートやジメチルエーテルに変えることで、漆かぶれの症状にどのような影響を与えるかを実験するため、モルモットの背中の皮膚に対して、これらの化合物を用いてウルシオールと比較してみた。すると、3-ペンタデシルカテコールのジアセテート（PDCDA）はウルシオールと同様にかぶれを惹き起こしたが、3-ペンタデシルカテコールのジメチルエーテル（HDV）はかぶれをまったく起こさないことがわかった（[図4-1]）。

これは、皮膚には水分と加水分解酵素であるリパーゼ酵素があるため、3-ペンタデシルカテコールジアセテート（PDCDA）が加水分解を起こしてウルシオールに変わり、漆かぶれを惹き起こしたた

---

*3 ── 3-ペンタデシルカテコールの2つの水酸基（−OH）の水素を化学反応でメチル基（−CH$_3$）に置き換えたものが3-ペンタデシルカテコールジメチルエーテルである。このメチル基は安定で、化学反応で容易に取り去り3-ペンタデシルカテコールにすることはできない。つまりこの化合物で漆かぶれになることはないのである。

めと思われる。一方，3-ペンタデシルカテコールのジメチルエーテル（HDV）は安定な化合物なので加水分解されず，そのため漆かぶれが起こらなかったと考えられる。このことは，ウルシオールは皮膚のタンパク質と反応してかぶれを惹き起こすが，ウルシオールのフェノール性水酸基を安定な保護基（ジメチルエーテル誘導体）に変換するとタンパク質と反応できなくなり，かぶれを惹き起こさないということがわかった。

　また，ウルシオールの構造のどこの位置で皮膚のタンパク質と反応しているかを調べるために，ウルシオールのいろいろな誘導体を試験管内で合成した。たとえば，カテコール環の4位にメチル基，5位にメチル基，4位と5位にそれぞれメチル基を，あるいは5位にtert-ブチル基を有するウルシオール誘導体を合成した。メチル基やtert-ブチル基で置換したウルシオールは芳香環でタンパク質と結合しない，すなわち漆かぶれは少ないと考えた。

　そこで実際これらの化合物を用いたパッチテストを実施した結果，カテコール環の4位にメチル基，5位にメチル基で置換したウルシオールは，漆液のウルシオールとほとんど同じ陽性反応を示したが，4位と5位をそれぞれメチル基で置換したウルシオールと，5位にtert-ブチル基を有するウルシオール誘導体は，パッチテストではほとんど陽性反応が認められなかった（[図4-2]）。

　このことから，カテコール環の3位と4位にメチル基があると，タンパク質との反応が阻害され，またtert-ブチル基のような大きな置換基があるとタンパク質と結合ができないため，かぶれを発症せず，

[図4-2] アルキル置換したウルシオールと、それらのパッチテストの結果

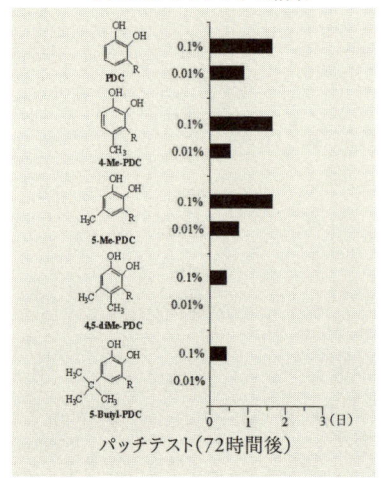

アレルゲンにならないことがわかった。

　以上をまとめると、漆かぶれはウルシオールとタンパク質の反応が重要で、その反応が進むとアレルゲンになり、かぶれを発症する。

　またウルシオール（3-ペンタデシルカテコール）の構造を変えて、4-ペンタデシルカテコールを合成し、これらのパッチテストによるかぶれの強弱を比較すると、3-ペンタデシルカテコールに比べてカテコール環の側鎖の位置が異なる4-ペンタデシルカテコールはかなり弱い反応であることがわかった（p. 139参照）。

　ちなみに、日本の漆に比べると、東南アジアの漆、特にタイやミャンマーの漆によるかぶれはかなり弱い。タイやミャンマーの漆液の主成分はチチオールと呼ばれる化合物で、それには特徴的に4-ペンタデシルカテコールの誘導体が含まれている。カテコール環の4位に長鎖の側鎖があるチチオールはタンパク質との反応が進まないため、かぶれ反応が進まないと考えられる。

● 漆かぶれ薬を作る

　漆かぶれへの慣れや耐性をつけるために，ウルシの新芽や若葉を食べる風習があることを紹介したが，コロンビア大学のC.R.ドーソンは濃度の低いウルシオールを飲ませる治療法を論文で紹介している。漆に対する免疫寛容（トレランス）を誘導するための処置と思われるが，ウルシオールは水に不溶である。そのため筆者たちはウルシオールを水に溶けるようにして体内への吸収を早め，かぶれに対する耐性や慣れを早める効果の有無を検討した。

　ウルシオールに糖（グルコースなど）を化学的に結合することで，水に対する溶解性が増加することが期待できる。そこで筆者たちは，ウルシオール配糖体をラットの耳に塗布する感作処置を行い，さらに惹起反応による漆アレルギー試験を行った。その結果，漆かぶれはほとんど起こさなかった。このことはウルシオールに対する免疫寛容を誘導できたことを示しており，かぶれの耐性や慣れを早く獲得する方法につながると考えられる。

　しかしながら，以上は動物実験段階にすぎず，今はそのまま人にあてはめることはできない。この手法を改良し，安全性を確かめながら応用していくことで，近い将来，漆かぶれを低減，あるいはかぶれを防止する薬の開発につながることが期待されている。

参考文献

・寺田晁，小田圭昭，大藪泰，阿佐見徹編著『漆 ―その科学と実技―』，理工出版社（1999）.
・永瀬喜助著『漆の本 ―天然漆の魅力を探る―』，研成社（1986）.
・宮腰哲雄，永瀬喜助，吉田孝編著『漆化学の進歩』，アイピーシー（2000）.
○K. Kawai, M. Nakagawa, K. Kawai, T. Miyakoshi, K. Miyashita, T. Asami, *Contact Dermatitis, 27*, 244-249(1992).
○K. Kawai, M. Nakagawa, Z. Xiao-Min, K. Kawai, Y. Ikeda, H. Yasuno, T. Miyakoshi, A. Sato, H. Konishi, *Environmental Dermatology,* 3 Suppl. 1, 73-81(1996).
○Xiao-ming Ma, Rong Lu, Tetsuo Miyakoshi, Recent advances in research on lacquer allergy, *Allergology International,* 61, No.1：45-50(2012).

第5章
漆の化学的性質

1 漆液の成分組成

　漆液は，脂質成分であるウルシオール，水に可溶なゴム質（多糖）とラッカーゼ酵素，水にも有機溶媒にも不溶な含窒素物（糖タンパク質）からなる複合材料である。それらが相互に作用することで，漆液は常温常圧および高い湿度下で，ゆっくりと固体の漆膜に変化する。このメカニズムは複雑であるが，まずラッカーゼ酵素がウルシオールを酸化（酵素酸化）し，その後空気中の酸素によって酸化（自動酸化）することで，硬い塗膜になる，という反応が化学面からの実験・研究によって明らかにされている。

　漆液は油中水球型エマルション[*1]を構成しており，この状態を顕微鏡で観察すると，[図5-1]のようにウルシオールの海に水滴が島のように浮かんでいる様子が観察されることから，これを海島模様と呼ぶ。その粒子径はおよそ10μmである。

　漆液には水に溶ける成分と，アルコールやアセトンなどの有機溶

[*1] エマルションは乳濁液あるいは乳化とも呼ばれ，代表的な例としては，木工ボンド，アクリル絵具やマヨネーズが挙げられる。水と油のように，互いに混じり合わないふたつの液体が安定に混合した状態のことである。乳化作用を促進するものが乳化剤で，一般には界面活性剤が用いられる。乳化剤には，食品用，化粧品用，工業用といった用途に応じてさまざまな種類があり，たとえばマヨネーズでは卵黄の脂質（リン脂質やステロール類など）が界面活性効果を現し，牛乳では乳タンパク質が水の中で安定なエマルションを形成している。エマルションには，牛乳のように水の中に油（乳脂肪）が混ざっている状態と，漆液のように油（ウルシオール）の中に水が混ざっている状態がある。漆液のエマルションを安定化させている乳化剤は含窒素物とゴム質であるといわれている。

[図5-1] 漆液のエマルション状態

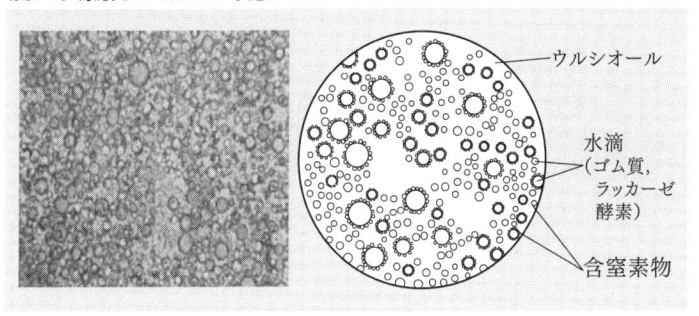

媒に溶ける成分が含まれている。漆液をアセトンに溶かすと、大部分は溶けるが一部は沈殿する。アセトン溶液を蒸留により回収するとウルシオールが得られる。しかし、ゴム質と含窒素物はアセトンに溶けないため、それを濾紙で分離すると沈殿、通称アセトンパウダーが得られる。これにはゴム質、含窒素物、ラッカーゼ酵素などが含まれている。この粉末に水を加えると、ゴム質とラッカーゼ酵素は水に溶け、含窒素物は水に不溶であるため、これらを分離することができる。それぞれ分離したウルシオールとラッカーゼ酵素の写真を示す（[写真5-1]）。

ウルシオールの構造は、核磁気共鳴吸収（NMR）スペクトル[*2]、

*2ーーーー 分析したい試料に磁場をかけ、高周波発振器によってラジオ波を照射するとスペクトルが得られる。これを解析することで試料を構成している分子の構造を解明できる画期的な分析手法が、核磁気共鳴吸収（NMR）スペクトルである。この分析により漆液中のウルシオール、ラッコール、チチオールの構造がわかる。

[写真5-1] 生漆, ウルシオール, ラッカーゼ酵素の姿

生漆　　　　ウルシオール　　　ラッカーゼ酵素

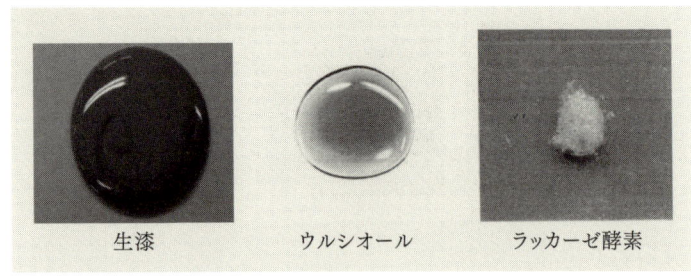

[表5-1] 漆液の成分組成

成　分	組　成
ウルシオール	66～76%
ゴム質(多糖)	5～7%
含窒素物(糖タンパク質)	3～5%
水	18～26%
ラッカーゼ酵素	微量

赤外線吸収（IR）スペクトル[*3], 質量（MS）スペクトル[*4]で分析することで解明できる。NMRスペクトルは, 分子の化学構造を決めることができる分析装置である。ウルシオールの場合, 芳香環（ベンゼン環）に2つの「水酸基($-OH$)」と「側鎖（$R = C_{15}H_{31-25}$）」と呼ばれる長い炭素鎖

[*3] 赤外線吸収（IR）スペクトルとは, 分析試料に波長4000～400cm^{-1}の赤外線を照射して, それにより得られるスペクトルを測定する方法である。この分析により, 試料が漆であるかどうかが判別できる。

[*4] 質量（MS）スペクトルとは, 試料の分子量を測定する方法である。ものには, それぞれ分子量がある。その重さを測定することで, そのものの構造を知ることができる。たとえばウルシオールの分子量は320で, ラッコールの分子量は348である。漆液の中からそれぞれ脂質を分離して, それらの質量スペクトルを測定するとm/z320（M$^+$）あるいはm/z348（M$^+$）が観察される。これにより漆液中にウルシオール, ラッコールがあることがわかる。

[**図5-2**] ウルシオールの構造と成分組成

$R = -(CH_2)_{14}-CH_3$
$-(CH_2)_7-CH=CH-(CH_2)_5-CH_3$
$-(CH_2)_7-CH=CH-(CH_2)_4-CH=CH_2$
$-(CH_2)_7-CH=CH-CH_2-CH=CH-CH=CH-CH_3$
$-(CH_2)_7-CH=CH-CH_2-CH=CH-CH_2-CH=CH_2$

[**図5-3**] ウルシオールのIRスペクトル

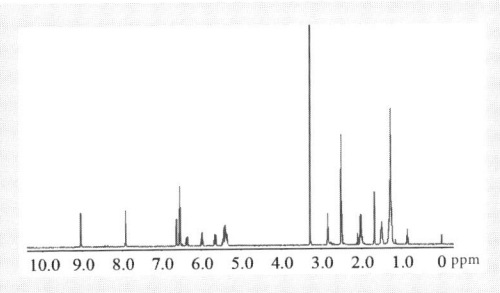

[**図5-4**] ウルシオールのNMRスペクトル

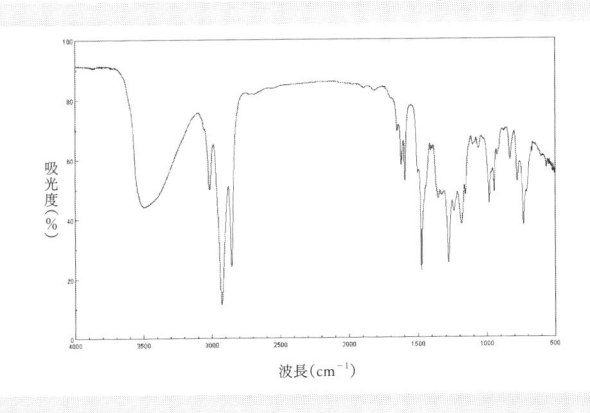

[図5-5] 漆膜の熱分解-GC/MS分析によるウルシオール（m/z320）と質量スペクトル

（上図：全イオンクロマトグラム，中図：m/z320の質量クロマトグラム，下図：ウルシオールの質量スペクトル）

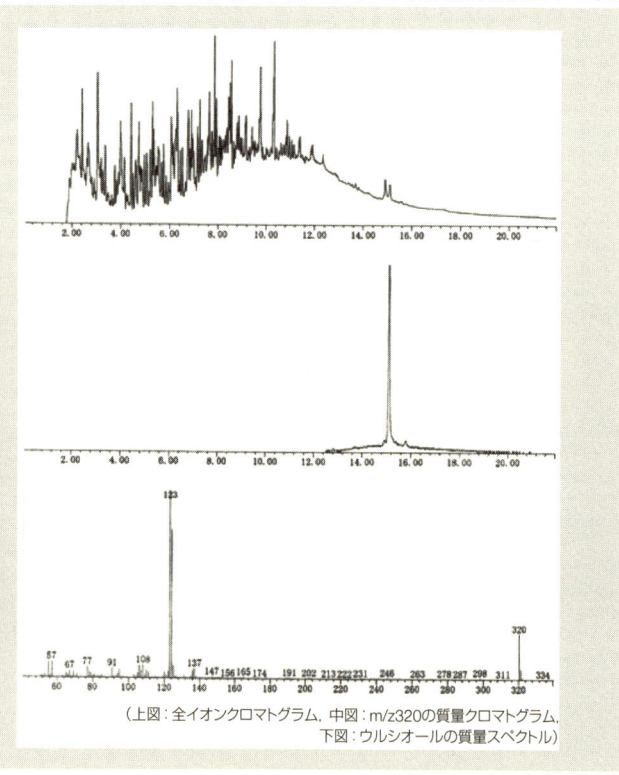

がついている。また，ウルシオールは長い側鎖に異なる構造を有する側鎖が多数含まれた混合物だが，それはガスクロマトグラフィー（GC，第6章参照）とそれぞれのピークに対応した質量スペクトルの分析でわかる。

[図5-6]「なやし・くろめ」装置

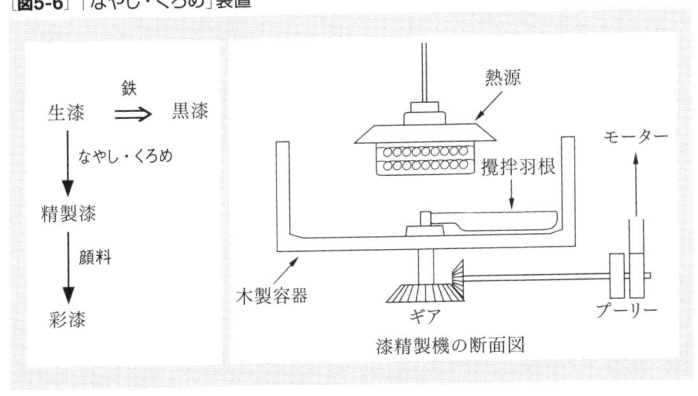

生漆 =鉄=> 黒漆
↓ なやし・くろめ
精製漆
↓ 顔料
彩漆

漆精製機の断面図
熱源／攪拌羽根／モーター／木製容器／ギア／プーリー

　たとえば生漆は，水分が25〜30％と多く，油中水球型エマルションは乳白色〜薄褐色をしていて，顕微鏡で観察すると比較的大きな粒子の集まりであることがわかる。そこで生漆を混練り攪拌してエマルションを分散処理し，水分を蒸発させて3〜5％にすると，透明性のある濃色の漆液に変わる。この工程は，前述のとおり，「なやし」（攪拌工程）と「くろめ」（加温脱水工程）と呼ばれている。「なやし」工程は，漆液のエマルション粒を細かく分散させるために行われる。現在の機械化された漆作りにおいては，生漆を回転する羽根のついた装置に入れて混練り攪拌する。[図5-6]に示したような木製の容器に生漆を入れ，容器の中心部につけた攪拌羽根をモーターで回転させることで，容器の底と側面で摺り込むように力を加えて攪拌を繰り返す。攪拌時間と羽根の回転数により，漆液の粒子と漆の粘度は変化する。ここでは実験室で製作したニーダ

[**写真5-2**] 生漆のエマルション
　　　　　（メチレンブルーで着色してあり，顕微鏡で150倍に拡大してある）

漆液の顕微鏡写真

写真　生漆のエマルション　　　写真　スグロメ漆のエマルション

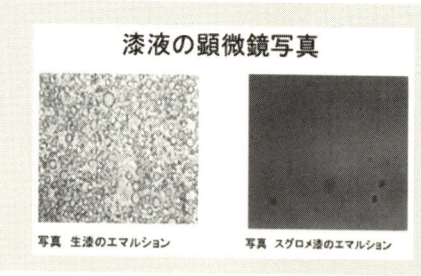

[**図5-7**] 各種漆液の粒度分布

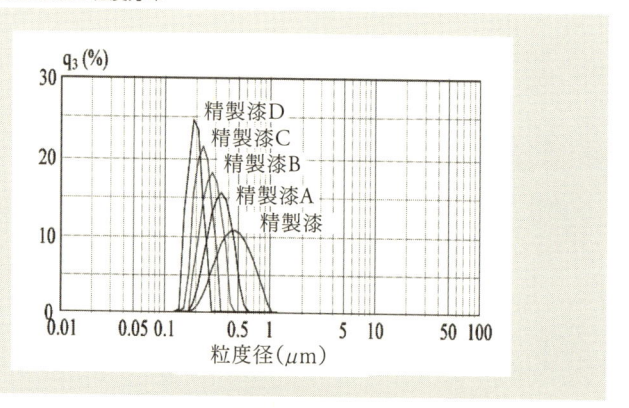

縦軸：q_3 (%)
横軸：粒度径（μm）

精製漆D
精製漆C
精製漆B
精製漆A
精製漆

[**写真5-3**] 生漆漆膜と精製漆膜の電子顕微鏡（SEM）写真

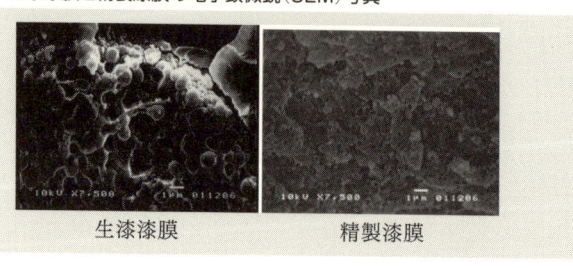

生漆漆膜　　　　　　精製漆膜

ーミキサーを用いて「なやし」「くろめ」を行い、攪拌条件と漆液の粒度分布を、粒度分布計を用いて測定したところ、攪拌時間が長くなり、羽根の回転数が増すと精製漆の粒度はAからDに変化した（[図5-7]）。これにより得られる漆は精製漆（あるいはスグロメ漆）と呼ばれ、上塗り用の漆塗料となる。

精製された漆液は粒子が細かく分散されているため透明になり、顕微鏡で観察しても油中水球型エマルションの状態は観察されない。生漆のエマルションの粒子径はだいたい10μm以上と大きいが、精製漆の粒子径はおよそ1〜0.5μmとなるからである。[写真5-3]は、それらの漆液から調製した漆膜の塗膜断面の粒子状態を電子顕微鏡（SEM）で観察した写真である。生漆から調製した塗膜の粒子は大きく、精製漆のそれは細かくなっていることがわかる。

2　漆液の乾燥・硬化

洗濯ものは、水が蒸発することで乾く。しかし、漆が「乾く」という現象は、漆液内の水分が蒸発することとはまったく異なっている。漆液がラッカーゼ酵素の作用で液体から固体に変化し塗膜になることで、手で触れても液体（漆液）が付着しない状態になることを指しており、それを「乾燥」と呼んでいる。これは英語でもdryである。

漆が乾燥するには高い湿度と酸素が必要である。水分が乾くには湿度が低い方が都合がよいが、漆の場合は逆に湿度が低いと乾燥しにくくなってしまう。湿度が高い状態の方がラッカーゼ酵素の酸化が進み、すみやかに重合が進行し塗膜を形成する。

漆を塗布した器物を相対湿度70〜75%RH，温度20〜25℃の，漆室(うるしむろ)と呼ばれる恒温恒湿乾燥器の中に置くと，漆はだいたい一晩かかって指触乾燥する。漆の指触乾燥は指先で漆の塗布面に軽く触れてべとつかない程度に塗膜表面が乾燥した段階であるが，まだ乾燥が十分ではない。その後，さらに酸化反応が進んで塗膜が乾燥した段階を硬化と呼んでいる。その過程では，酵素酸化重合と自動酸化の2段階の反応が必要とされる。

● ─── **漆の酸化重合反応**

　漆の酸化重合[*5]反応は，漆液のラッカーゼ酵素が脂質成分であるウルシオールを酸化することにより進行する。

　この反応により漆液が塗膜に変わるときには，高い湿度と酸素が必要である。ラッカーゼ酵素がウルシオールを酸化して，ウルシオールのビフェニル体[*6]になる。還元されたラッカーゼ酵素は空気中の酸素で酸化されて活性のあるラッカーゼ酵素に戻る。さらにラッカーゼ酵素はウルシオールを酸化する。このような酵素反応を繰

―――――――――――――――――――――――――――――――

[*5] ─── 重合反応（polymerization reaction）とは重合体（ポリマー）を合成することを目的にした一群の化学反応の呼称である。また重合反応はそのもととなる反応の反応機構や化学反応種により細分化され，区分された反応名に重合の語を加えることで重合体合成反応であることを表す。単量体（モノマー）分子が多数結合して大きな分子量をもつ化合物になる変化を重合といい，それにより得られるものが高分子化合物（重合体，ポリマー）である。

[*6] ─── 2個のベンゼン（C_6H_6）が炭素・炭素結合でつながった分子がビフェニル C_6H_5-C_6H_5 である。ウルシオールが酵素で酸化されると，このビフェニル構造をもつ二量体が生成する。それが，さらに酸化を受け，酵素酸化を繰り返すことで，塗膜に変化するのである。

[図5-8] ウルシオールの酵素重合反応

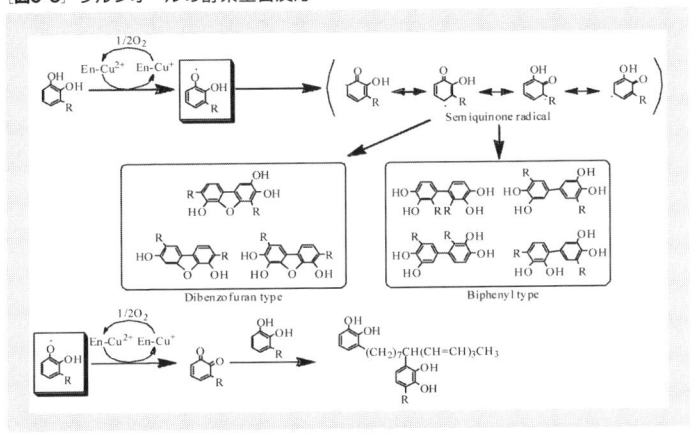

り返してウルシオールは重合すると考えられている。繰り返すが，この酸化–還元のサイクルを円滑に進めるためには高い湿度が必要であり，またそれにより塗膜内部への酸素の供給が容易になることで漆塗膜の酸化が進むと考えられている。ゴム質（多糖）はラッカーゼ酵素の安定化と吸湿性に関係し，含窒素物（糖タンパク質）はエマルションの分散安定化に寄与している。このような酵素酸化反応と，その後に進行するウルシオールの不飽和側鎖の，空気中の酸素による自動酸化反応で架橋反応が進み，漆塗膜は完全に硬化するのである[図5-8]。

以上のことをまとめると，酵素重合はラッカーゼ酵素で漆が乾燥・硬化する反応で，酸化重合は空気中の酸素により漆膜が硬化する反応だといえる。

第5章 漆の化学的性質 77

●───漆の自動酸化

　漆の乾燥硬化過程の第2のステップは自動酸化反応である。漆の場合、この反応はウルシオールオリゴマー[*7]の不飽和側鎖が空気中の酸素により酸化するもので、時間の経過とともにゆっくり進行する。この様子は漆塗膜のガラス転移点Tgを測定することでわかる。生漆の塗膜が指触乾燥してから90日間ガラス転移点を測定すると、Tgがゆっくり高温側にシフトする変化が観測される。これはウルシオール重合体の不飽和側鎖の架橋反応が進行した結果である[図5-9]。

　漆液のウルシオールが、なぜラッカーゼ酵素により酸化され、自動酸化反応で重合するのかは、まだわかっていない。アマニ油のような乾性油は、空気中の酸素による自動酸化反応で重合反応が進む。

　それに対してウルシオールは、自動酸化反応を起こしやすい不飽和脂肪酸構造部分と、酸化防止能力のあるカテコール構造を併せもち、空気中に放置しても変化しない特異な化合物である。これまで述べてきたように、漆の重合はまず酵素重合があり、それがある程度進行したところで自動酸化が進むという2段階を経て乾燥・硬化する。漆は自動酸化だけで重合しない。なぜか。

　それを知るために、リノール酸メチルの酸化と、リノール酸メチル

[*7]──── オリゴマー（oligomer）は単量体（モノマー）が多数結合した重合体のことで、一般には10個から100個のモノマーが結合した比較的分子量の低い重合体を指す。

[図5-9] 乾燥日数の経過に伴う漆膜のガラス転移点(Tg)の上昇

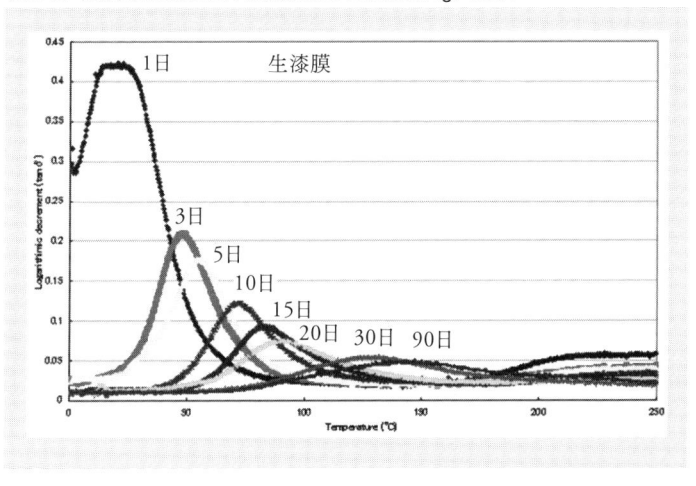

[図5-10] ウルシオールの自動酸化反応の機構

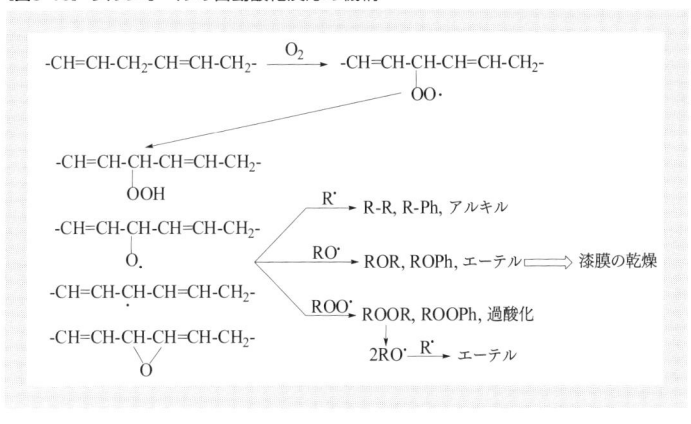

第5章 漆の化学的性質

に各種の生漆を添加する実験から自動酸化を考察した。その結果，リノール酸メチルの自動酸化はウルシオールが防止し，リノール酸メチルと同様な不飽和側鎖があるウルシオールも，まず自動酸化だけでは進行せず，なやし，くろめ操作による漆液の酵素重合が進むこと，その後高い湿度の漆室(むろ)の中の酸素酸化が進むことで，自動酸化しやすくなることがわかった([表5-2])。

漆は酵素重合と自動酸化で乾燥硬化が進むが，乾性油は酵素酸化せず，空気中の酸素で容易に重合する。このような反応は材料合成にとって重要である。

●──漆の劣化

自然の中における物の壊れ方には2通りあり，微生物で分解されるものと，紫外線によって酸化劣化するものとがある。自然の多くのものは微生物で分解されて自然に還る。漆は微生物分解に強く，6000年前や5000年前の縄文時代の漆工芸品がきれいな状態で出土するほどである。ただそれは水場などの低湿地帯にある遺跡の場合で，日光や空気にさらされると，漆膜は急激に劣化する。出土直後は鮮やかな色を示していた漆器もただちに黒褐色に変化する。

漆は紫外線に大変弱い。漆器は室内や日光の当たらないところで使えば数十年や数百年でも使えるのだが，屋外や日の当たる場所に置くと，数年で表面がボロボロに白化する。日光の東照宮や静岡の浅間神社は数年ごとに補修を行い，10年間隔で塗り替えを行っている。

[表5-2] 各種漆液とリノール酸メチルの混合による抗酸化性

No.	添加物	誘導期(時間)
1	リノール酸メチル	1.50
2	生漆+リノール酸メチル	13.03
3	精製漆K-0+リノール酸メチル	11.03
4	精製漆K-1+リノール酸メチル	9.65
5	精製漆K-2+リノール酸メチル	8.33
6	精製漆K-3+リノール酸メチル	6.23
7	精製漆K-4+リノール酸メチル	4.19

 ではなぜ漆膜は紫外線に弱いのか。漆に紫外線を照射したときの漆膜の変化をマイクロスコープで観察すると，紫外線の照射時間が長くなるに従い，表面が荒れ，しだいに亀裂が入り，それが全体に広がり，風化したようになるのがわかる（[写真5-4]）。

漆の熱重合

 漆液は室温，高湿度下でラッカーゼ酵素の作用で固まるが，ラッカーゼ酵素は50℃以上になると失活し働かなくなる。しかし，150℃以上の高温で加熱処理すると，ウルシオールが自動酸化反応と熱重合反応を起こして硬化する。この方法は焼付漆と呼ばれ，古い時代には鎧や兜の錆び止めや装飾として使われていたものである。現在でも，岩手県の南部鉄器はこの方法で鉄製品が塗装されている。

[図5-11] 生漆膜の紫外線照射と光沢度の変化

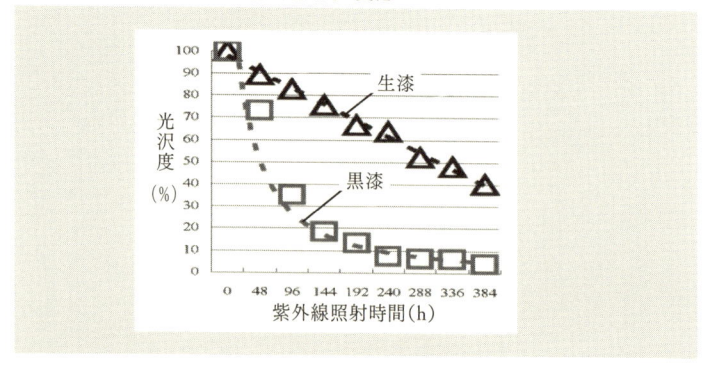

[写真5-4] 紫外線照射した生漆膜と黒漆膜の表面状態の変化

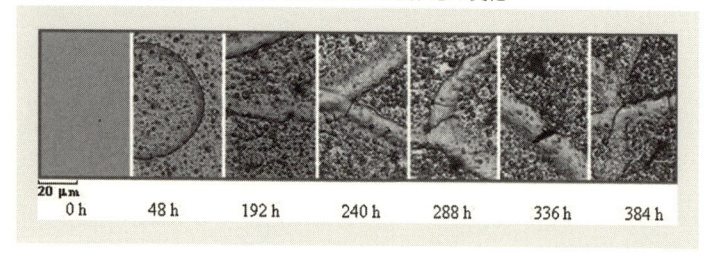

3　漆液のハイブリッド化

　タイやミャンマーに生育するウルシの木（*Gluta usitata*）やベトナムのウルシの木（*Toxicodendron succedaneum*）は，それらが生育する国々で，伝統的な漆芸を使って生活用品から建築，仏教用具，美術工芸品が作られている。

[**表5-3**] 中国・タイ・ベトナム産生漆の乾燥性と塗膜硬度

産地	温度 [℃]	湿度 [%RH]	乾燥性・鉛筆硬度*											
			1h	2h	3h	4h	5h	6h	1day	2days	3days	4days	5days	6days
中国	30	80	DF	TF	HD	HD	6B	3B	F	F	H	2H	2H	2H
	20	70	ND	DF	DF	DF	DF	TF	5B	B	F	F	F	F
タイ	30	80	ND	ND	ND	ND	ND	ND	DF	TF	HD	6B	5B	5B
	20	70	ND	ND	ND	ND	ND	ND	DF	DF	DF	DF	TF	TF
ベトナム	30	80	ND	ND	ND	DF	DF	DF	TF	HD	HD	6B	4B	3B
	20	70	ND	ND	ND	ND	ND	ND	DF	HD	6B	6B	5B	5B

＊）JIS-K-5400に基づく乾燥評価法。ND：乾燥せず，DF：息乾燥，TF：指触乾燥，HD：硬化乾燥

　かつて日本は東南アジア産の漆液を大量に輸入していたが，日本産漆や中国産漆に比べて東南アジアの漆液の乾燥性は著しく遅いため，現在ではほとんど使われていない。それにしても，乾燥性の遅い東南アジアの漆液をどのように使っていたのであろうか。

　当然，東南アジアの諸国と同じ乾燥硬化条件にすれば，漆液は乾燥する。日本産の漆液は20～25℃，湿度は相対湿度70～75%RHという条件の下で，だいたい一晩で乾燥する。東南アジアの漆液はこの環境下で数日かかっても乾燥しない（[**表5-3**]）。乾燥条件を高め，30℃，相対湿度80%RHにすると，約1日で乾燥する。逆に，日本産の漆液をこの乾燥条件で乾燥すると，急速に漆液が乾燥し，塗膜に縮み皺が生じる。

　タイやベトナムなどの東南アジア産漆液を日本で使おうとした場合，日本の環境条件で乾燥するように乾燥性を早める必要がある。漆塗りの現場で漆液の乾燥性を調節するために昔から使われていた手法は，乾燥性の異なる漆液をブレンドすることだった。

[表5-4] 混合漆の乾燥速度の評価

名前	乾燥状態									
	1h	2h	3h	4h	5h	1day	2days	3days	4days	5days
BL-1	DF	TF	HD	HD	6B	F	F	H	2H	2H
BL-2	DF	TF	HD	HD	6B	F	F	H	2H	2H
BL-3	DF	DF	TF	HD	6B	F	F	F	2H	2H
BL-4	ND	DF	TF	TF	HD	B	B	B	B	HB
BL-5	ND	DF	TF	TF	HD	2B	B	B	B	HB
BL-6	ND	ND	ND	ND	ND	TF	HB	6B	6B	6B

BL-1:中国漆:タイ漆=100:0, BL-2:中国漆:タイ漆=100:10, BL-3:中国漆:タイ漆=100:30,
BL-4:中国漆:タイ漆=100:50, BL-5:中国漆:タイ漆=100:100, BL-6:中国漆:タイ漆=0:100,
ND:乾燥せず, DF:息乾燥, TF:指触乾燥, HD:硬化乾燥.

　そこでタイの漆液に中国の漆液を加えて乾燥性を調べてみた（[表5-4]）。タイの漆液のみのBL-6では、温度30℃、相対湿度80％RHで、乾燥するまでに24時間ほどかかったが、タイの漆液に中国の漆を等量混合したBL-5は3時間で乾燥した。実験を重ねた結果、タイの漆液に中国の漆液を加える割合が増えるほど乾燥速度が速くなることが認められた。では、この場合、漆液の中でどのような反応が進行しているのだろうか。

　タイ産の漆液に、中国の漆液から分離したラッカーゼ酵素やウルシオールのみを添加しても乾燥性を速める効果は認められず、漆液そのものを加えた場合に乾燥性の促進効果が認められた。そこで、このブレンド漆液を温度30℃、相対湿度80％RHで酵素酸化を進め、指触乾燥（TF）段階になった漆液をアセトンに溶かして反応生成物を分離した。これをゲル浸透クロマトグラフィーで分離してオリゴマー成分を分取し、それを硫酸ジメチルでメチル化し、これ

[図5-12] クロスカップリング反応による二量体の質量分析の結果

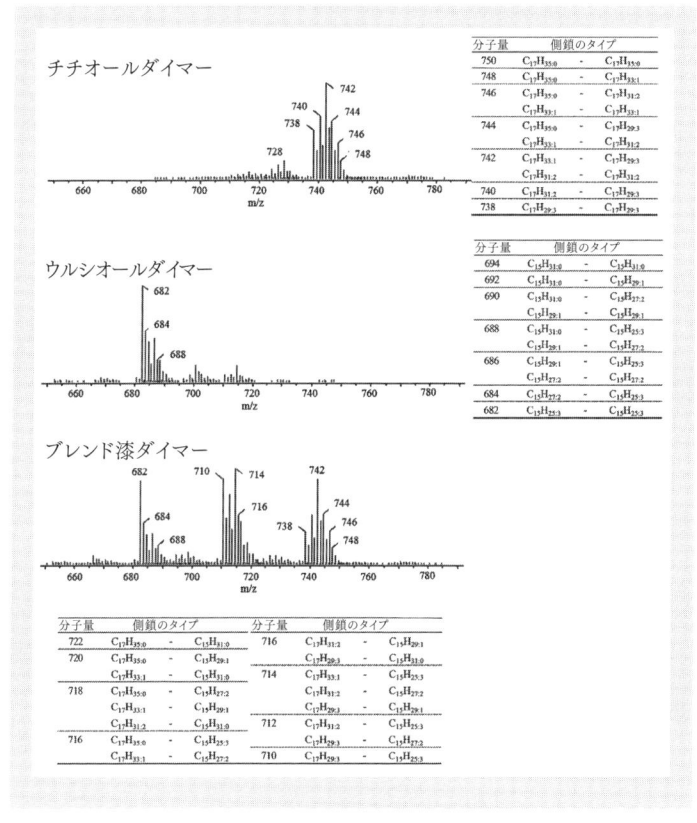

チチオールダイマー

分子量	側鎖のタイプ		
750	$C_{17}H_{35:0}$	-	$C_{17}H_{35:0}$
748	$C_{17}H_{35:0}$	-	$C_{17}H_{33:1}$
746	$C_{17}H_{35:0}$	-	$C_{17}H_{31:2}$
	$C_{17}H_{33:1}$	-	$C_{17}H_{33:1}$
744	$C_{17}H_{35:0}$	-	$C_{17}H_{29:3}$
	$C_{17}H_{33:1}$	-	$C_{17}H_{31:2}$
742	$C_{17}H_{33:1}$	-	$C_{17}H_{29:3}$
	$C_{17}H_{31:2}$	-	$C_{17}H_{31:2}$
740	$C_{17}H_{31:2}$	-	$C_{17}H_{29:3}$
738	$C_{17}H_{29:3}$	-	$C_{17}H_{29:3}$

ウルシオールダイマー

分子量	側鎖のタイプ		
694	$C_{15}H_{31:0}$	-	$C_{15}H_{31:0}$
692	$C_{15}H_{31:0}$	-	$C_{15}H_{29:1}$
690	$C_{15}H_{31:0}$	-	$C_{15}H_{27:2}$
	$C_{15}H_{29:1}$	-	$C_{15}H_{29:1}$
688	$C_{15}H_{31:0}$	-	$C_{15}H_{25:3}$
	$C_{15}H_{29:1}$	-	$C_{15}H_{27:2}$
686	$C_{15}H_{29:1}$	-	$C_{15}H_{25:3}$
	$C_{15}H_{27:2}$	-	$C_{15}H_{27:2}$
684	$C_{15}H_{27:2}$	-	$C_{15}H_{25:3}$
682	$C_{15}H_{25:3}$	-	$C_{15}H_{25:3}$

ブレンド漆ダイマー

分子量	側鎖のタイプ			分子量	側鎖のタイプ		
722	$C_{17}H_{35:0}$	-	$C_{15}H_{31:0}$	716	$C_{17}H_{31:2}$	-	$C_{15}H_{29:1}$
720	$C_{17}H_{35:0}$	-	$C_{15}H_{29:1}$		$C_{17}H_{29:3}$	-	$C_{15}H_{31:0}$
	$C_{17}H_{33:1}$	-	$C_{15}H_{31:0}$	714	$C_{17}H_{33:1}$	-	$C_{15}H_{25:3}$
718	$C_{17}H_{35:0}$	-	$C_{15}H_{27:2}$		$C_{17}H_{31:2}$	-	$C_{15}H_{27:2}$
	$C_{17}H_{33:1}$	-	$C_{15}H_{29:1}$		$C_{17}H_{29:3}$	-	$C_{15}H_{29:1}$
	$C_{17}H_{31:2}$	-	$C_{15}H_{31:0}$	712	$C_{17}H_{31:2}$	-	$C_{15}H_{25:3}$
716	$C_{17}H_{35:0}$	-	$C_{15}H_{25:3}$		$C_{17}H_{29:3}$	-	$C_{15}H_{27:2}$
	$C_{17}H_{33:1}$	-	$C_{15}H_{27:2}$	710	$C_{17}H_{29:3}$	-	$C_{15}H_{25:3}$

により生じた生成物の分子量を電界脱離質量分析法（FD-MS）で測定した。これは，難揮発性や熱不安定性の化合物から，その分子イオンを生成させる方法で，複雑に分子が分解しないため，きわめてソフトなイオン化法である。その結果，ウルシオールとチチ

オールが互いに反応して生じた生成物(これをクロスカップリング*8した二量体と呼ぶ)が確認された([**図5-12**])。

　ベトナム産の漆液も日本では乾燥が遅くなるので，現在は使われていないが，タイ産の漆液と同様に日本産漆や中国産漆を混ぜるとクロスカップリング反応が進行して，容易に乾燥するようになる。
　このように東南アジアの漆液のハイブリッド化や，東南アジアの漆液と日本や中国の漆液をブレンドして漆の乾燥性を改質することで，将来東南アジアの漆液の活用が進むことが期待されている。

参考文献

・伊藤清三著『日本の漆』，東京文庫(1979)．
・小松大秀，加藤寛共著『漆芸品の鑑賞基礎知識』，至文堂(1997)．
・佐々木英著『漆芸の伝統技法』，理工学社(1986)．
・寺田晃，小田圭昭，大藪泰，阿佐見徹編著『漆 —その科学と実技—』，理工出版社(1999)．
・永瀬喜助著『漆の本 —天然漆の魅力を探る—』，研成社(1986)．
・松井悦造著『漆化学』，日刊工業新聞社(1963)．
○宮腰哲雄，永瀬喜助，吉田孝編著『漆化学の進歩』，アイピーシー(2000)．

....

*8────カップリング(coupling reaction)とは，ふたつの化学物質が結合することで，その際，結合するふたつのユニットの構造が等しい場合はホモカップリング，異なる場合はクロスカップリングという。一般式としては，ホモカップリング：R-X＋R-X→R-R，クロスカップリング：R-X＋R'-Y→R-R'である。

○宮腰哲雄「漆と高分子」,『高分子』, 56(8), 608-613(2007).
○宮腰哲雄, 鈴木修一, 山田千里, 陸榕「漆の可能性を探る12章」『塗装技術』, 110-117(2010).
・Takayuki Honda, Xiaoming Ma, Rong Lu, Daisuke Kanamori, Tetsuo Miyakoshi, Preparation and Characterization of a New Lacquer, Based on Blending Urushiol with Thitsiol, *Journal of Applied Polymer Science*, Vol. 121, 2734-2742(2011).
・S. Harigaya, T. Honda, R. Lu, T. Miyakoshi, C-L. Chen, J. Agric, *Food Chemistry*, 55, 2201(2007).
・Kenichiro Anzai, Rong Lu, Bach Trong Phuc, Tetsuo Miyakoshi, Development and Characterization of Laccol Lacquer Blended with Urushiol Lacquer, *International Journal of Polymer Analytical Characterization*, 19: 130-140(2014) .
・T. Ishimura, R. Lu, T. Miyakoshi, *Progress in Organic Coatings,* 55, 66(2006).
・T. Ishimura, R. Lu, T. Miyakoshi, *Progress in Organic Coatings,* 62, 193(2008).
・Ju Kumanotani, *Progress in Organic Coatings,* 26, 163(1995).
・R. Lu, S. Harigaya, T. Ishimura, K. Nagase, T. Miyakoshi, *Progress in Organic Coatings,* 51, 238(2004).
・R. Lu, T. Ishimura, K. Tsutida, T. Honda, T. Miyakoshi, *Journal of Applied Polymer Science, 98*, 1055(2005).
・R. Lu, M. Ono, S. Suzuki, T. Miyakoshi, *Materials Chemistry and Physics, 100*, 158(2006).
・Rong Lu, Takashi Yoshida, and Tetsuo Miyakoshi, Reviews Oriental lacquer: A Natural Polymer, *Polymer Reviews,* 53:153-191(2013).
・K. Nagase, R. Lu, T. Miyakoshi, *Chemistry Letters., 33*, 90(2004).

第6章
漆の科学分析

1 科学分析とは何か

 歴史的な漆器は，多くの場合破損が進んでおり，保存修復が必要である。修復を行うためには，漆器がどこで作られ，どんな材料が用いられ，どのように塗装されたかを知ることが欠かせないが，現在では，漆器の小さな剝落片の科学分析を行うことで，それが可能になっている。

 本章では，第1節で科学分析の手法について概説し，第2, 3節で縄文漆器と琉球漆器について科学分析を行った実例について述べる。

 漆器を科学分析する際には，もちろん非破壊分析が望ましいのだが，有機材料の場合，まだそうした方法は確立していない。そこでできるだけ少量の分析試料を用い，高感度で再現性のよい分析法で分析・評価を行うことになる。

 漆の分析法にはいくつも方法があるが，それぞれに異なる特徴をもっており，何を知りたいかでどの方法を選ぶかが決まってくる。一度の分析ですべてを知る方法はなく，いろいろなやり方を組み合わせて，知りたいことを明らかにする必要がある。

 代表的な分析法としては，熱分解-GC/MS分析，クロスセクション，蛍光X線分析，の3つが挙げられる。以下，順に説明しよう。

● **熱分解-GC/MS 分析法**

 漆の塗膜は完全に乾燥硬化すると，どのような溶媒にも溶けなくなる。この性質は塗料としては非常に優れたものだが，分析する

[**図6-1**] 熱分解-GC/MS装置

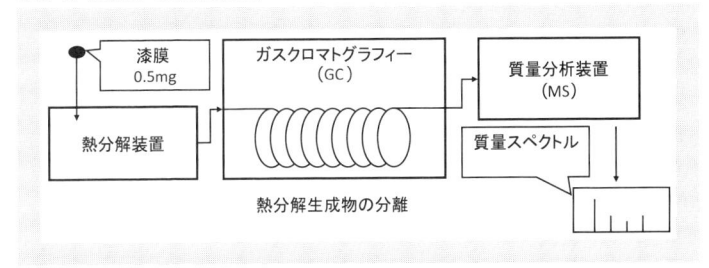

場合には難しい条件となる。通常試料を溶媒に溶かして分析することが多いからである。漆膜は熱に安定だが，500°Cで3秒間加熱すると，漆膜を構成する分子が分解する。

　そこで使われるのが，熱分解と，ガスクロマトグラフィー（GC）と質量分析計（MS）を組み合わせた，熱分解-GC/MS分析法である。熱分解には一定のルールがあるので，この過程で生じる生成物の構造を詳細に検討することで，どのような種類の漆を用いたか，また漆とともにどのような材料が用いられたかを知ることができる。

　分析には，熱分解装置，ガスクロマトグラフ，質量分析装置，およびデータ処理装置から構成されている熱分解-GC/MS装置［**図6-1**］を用いる。これは，熱分解装置でごく微量の漆膜片を瞬間的に高温にして熱分解し，得られた生成物をガスクロマトグラフで各成分に分離した後，質量分析計で各成分のパイログラム，質量スペクトルを測定するものである。以下，用語を簡単に説明しておく。

ガスクロマトグラフ　ガスクロマトグラフィーは混合している有機化合

[図6-2] 日本産漆の熱分解生成物の質量クロマトグラム(m/z 108)

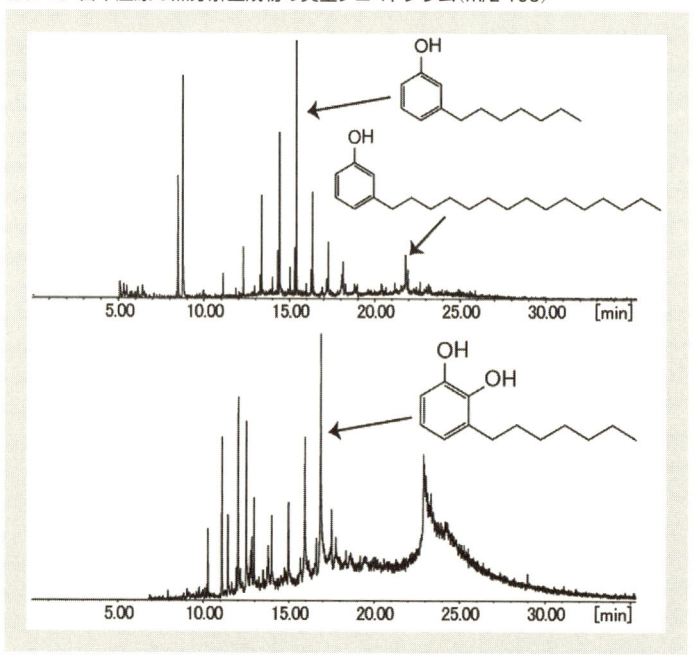

物を個々の成分に分離する機器分析法で，移動層にヘリウム，キャピラリーカラム（中空細管内側に，液相や吸着剤を塗布または化学結合させたもの）に，ポリジメチルシロキサンを固定相に用いた高分離能の優れた分析法である。このガスクロマトグラフィーに用いる分析装置をガスクロマトグラフ（GC）という。

パイログラム　熱分解で得られた生成物をガスクロマトグラフに導入し，分離して得る熱分解生成物のクロマトグラムで，特に熱分解で得られた場合はパイログラムと呼ぶ。

[**図6-3**] ベトナム産漆膜の熱分解生成物の質量クロマトグラム（m/z 108）

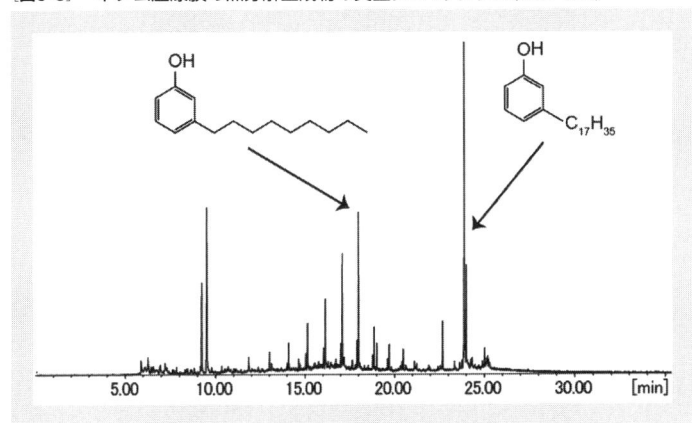

[**図6-4**] ミャンマー産漆膜の熱分解生成物の質量クロマトグラム（m/z 108）

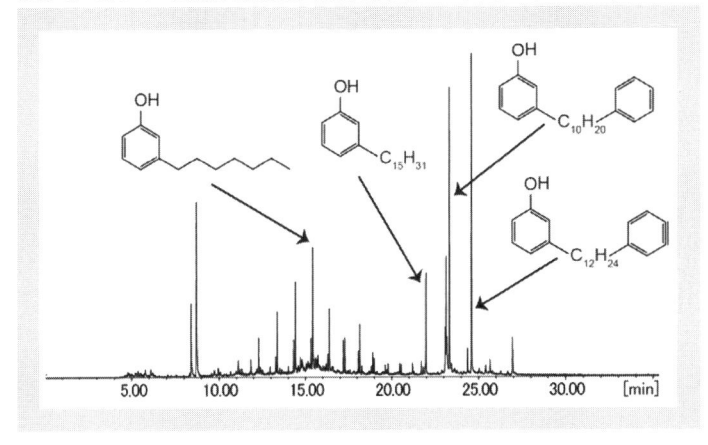

質量スペクトル 質量分析の結果得られる質量（m/z値）と検出強度に関わる情報が，スペクトルで表示される。試料の分子構造に関

係する情報が含まれているため,既知物質の同定や新規化合物の構造決定や分析に用いられる。

たとえば,日本産の漆膜の小片(約1mg)を熱分解-GC/MS分析法で分析すると,そのパイログラムと質量クロマトグラムが得られ,それから漆の主要な脂質成分であるウルシオールの質量スペクトルが認められる。さらに3-ヘプチルカテコール(P7)と3-ヘプチルフェノール(P7)といった漆に特有な化合物が熱分解生成物として確認される。これらの生成物をバイオマーカーと呼ぶ。

もし未知の材料にこのような化合物が含まれていれば,その材料には漆が含まれており,その漆液は日本・中国に生育するウルシ(*Toxicodendron vernicifluum*)であることがわかる([図6-2])。その漆膜がベトナム産の漆であれば,ラッコールと,その熱分解生成物である3-ノニルカテコール(C9)と3-ノニルフェノール(C9)が確認される。漆器を分析してこれらの化合物が含まれていれば,それに使われた漆液はベトナムに生育するハゼノキ(*Toxicodendron succedaneum*)だといえる([図6-3])。

日本産の漆膜とベトナム産の漆膜では,構成する基本的な脂質が異なる。日本産漆の主要な脂質はウルシオール,ベトナム産漆のそれはラッコールで,それらの側鎖にはメチレン2個分の炭素の違いがある。

タイやミャンマーの漆からは,チチオール,3-ヘプチルカテコール(C7)と3-ヘプチルフェノール(C7)が確認され,同時に特異な化合物として側鎖末端にフェニル基をもつカテコールやフェノールが得られる。漆器を分析してこうした化合物が得られたら,それはタイやミャンマーのウルシ(通称ビルマウルシ*Gluta usitata*)ということである([図6-4])。

これらの基礎的な分析データをもとに，歴史的な漆器片を熱分解し，GC/MS分析でウルシオール，ラッコールあるいはチチオールが確認できるかどうか。この分析法により，当該の漆器に使われた漆の種類がわかるのである。

●────漆のクロスセクション法

　漆の塗装法や漆材料の使い方，下地の調製などの情報を得るには，クロスセクション法が有効である。クロスセクション法とは塗膜の断面分析のことで，漆のきわめて微量の塗膜をエポキシ樹脂に包埋し，それを薄く削りだし，その薄片を顕微鏡下で透過光，反射光あるいは偏光を用いることで塗膜断面構造を観察する。また，その層構造から塗装回数や漆とともに用いた材料などの情報を得ることができる。さらにこの薄膜の顕微IR（赤外線）スペクトルを測定し，漆や油に関わる有機物の情報を得ることもできる。

　熱分解-GC/MS分析法は，漆器製造に使われた漆の種類や，漆とともに使われた有機材料（油，膠，柿渋，松脂など）を調べることができ，クロスセクション法は，主に塗装構造，塗装回数，下地の状況を知ることができる。したがって，歴史的な漆工芸品がどんな材料を用い，どんな塗装が行われ，どんな技術で作られたかを知るには，熱分解-GC/MS分析とクロスセクション法が重要になる。

●────蛍光 X 線分析

　ものを構成している全元素を非破壊で分析する方法である。X線を試料に照射すると，試料から蛍光X線が発生する。これを測定する方法が，蛍光X線分析である。試料の前処理をすることなく

元素の分析が可能な，優れた分析法である。

　ひとつの分析法ですべての材料情報を得ることはできない。そのため，いろいろな方法を組み合わせて分析評価することが必要になる。分析法が異なれば，試料量も違う。ほんの少量のサンプルで多くのデータが得られる分析法もあるが，かなりの試料量が必要な分析法もある。しかも，多くの文化財は貴重な遺産であるから，そこから直接サンプリングはできない。したがって，当該の漆器からどんな情報を優先的に取得するかによっては，個人と博物館とを問わず，所有者の理解と協力は欠かせないものとなる。まずはよく打ち合わせを行って，取り組む課題を明確にすることが重要になる。

2　縄文漆器の科学分析

● ───漆かアスファルトか

　縄文時代には，装飾材，鏃(やじり)や石鏃(せきぞく)を基盤材に固定するために天然のアスファルト(原油に含まれる炭化水素類)や漆が用いられていた。アスファルトは装着時に加熱し軟化させて材を固定化させたと考えられるが，漆液は乾燥硬化させるために高い湿度環境に約一晩置くことが必要である。また，微粉化したベンガラ顔料を漆液と練り合わせた着色漆塗料を調製して，器物を赤く塗装する工夫も行っていた。それにしても，縄文人が漆の特性を理解した上でこのような技術を有していたことはまさに驚異である。

　ところで，その出土品が黒色である場合，それが漆であるかアス

ファルトであるかを肉眼で識別することは難しい。そこで，これらを科学的に識別する分析法が必要となる。

簡易な分析法としては，漆器片と思われる小片をアルコール，クロロホルムあるいはテレビン油などの有機溶媒に溶かし，その溶解度を調べるという方法がある。漆は乾燥し硬化するといかなる溶媒にも溶けないが，アスファルトは有機溶媒に溶けるので，この方法で試料が漆であるかアスファルトであるかが簡単に区別できる。ただ，アスファルトの中には有機溶媒に溶けにくいものもあるため，この分析法だけでなく，赤外線吸収スペクトルや熱分解-GC/MS法を組み合わせた分析法で確認することが必要である。試料からフェノールやカテコールが検出されれば，漆を利用したことがわかる。炭化水素類が検出されれば，それはアスファルトを使用したものだと考えられる。

いずれにしても，こうした分析が可能なのは，漆の耐久性がきわめて高く，また微生物にも分解されないので，縄文時代の遺物が現在までしっかり残っているためである。

●──── 縄文漆利用技術の多様性

縄文時代の漆の利用については，生漆を使っていたのか精製漆を使っていたのかといったこともまだよくわかっていない。

縄文時代の漆には，赤色漆が多く使われている。赤色は，人間の血の色であるから，命の色を表現していたのではないかと考えられている。赤色系の顔料としてベンガラや辰砂(硫化水銀)が使われている。青森県つがる市亀ヶ岡遺跡から多数出土している赤色土器は，土器を煤で黒くし，その上に鉱物系のベンガラ漆を塗

って作られている。

一方,埼玉県さいたま市南鴻沼(みなみこうぬま)遺跡から出土した赤色系土器は,微生物由来のパイプ状ベンガラが使われている。またベンガラだけでなく辰砂を使った赤色系の土器もあり,縄文人は色彩豊かに漆塗り製品を作っていたことがわかる。黒色漆は,江戸時代頃から生漆に鉄粉を混ぜて作るようになったが,それ以前の縄文時代には漆液に松煙や油煙を加え,あるいは炭粉(すみこ)を混ぜた漆を下地に使い,その漆をさらに何層も塗り重ねて黒色漆にしていた。

●——彩色土器の塗膜分析

千葉県市川市「道免(どうめ)き谷津遺跡」は,国史跡堀之内貝塚が所在する台地の南側に位置する低地遺跡である。この遺跡から縄文時代のものと考えられる土器が出土した。この土器の外面は漆によって彩色されており,その剝落片を科学分析した。出土試料片(A1,A2)について熱分解-GC/MS分析法で分析した結果,双方からウルシオールに関わる構造情報(P7, P15)が得られた([図6-5]b)。このことから塗装に使われた漆はウルシの木 (*Toxicodendron vernicifluum*) から得られる樹液であることがわかった([図6-5])。

この彩色土器の塗装には,漆とともに油脂m/z60:ピークA14,A16およびA18)が使用されていた([図6-5]c)。また,この試料片から薄膜を作成し,顕微鏡(SEM)観察したところ,パイプ状の粒子が存在することが確認できた([図6-7])。この試料片に対して蛍光X線分析を行ったところ,試料片Aは全体に赤色で,鉄(Fe)が認められた。これらの結果から,彩色土器は顔料としてベンガラ(Fe_2O_3)が用いられていたことがわかる。また試料片A1はベンガラ

[図6-5] 出土物A1の熱分解-GC/MS分析結果

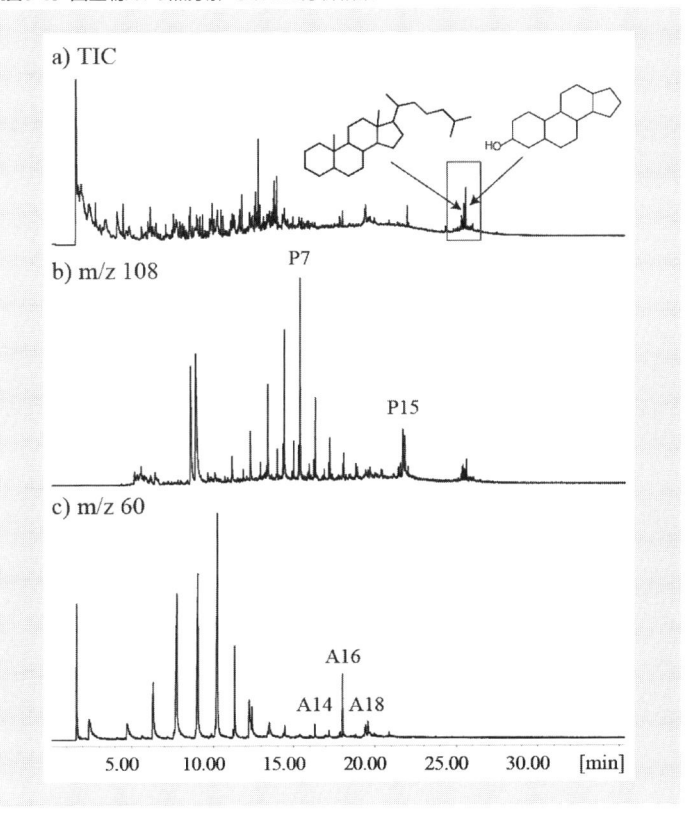

漆を挟んで，その上下の層に漆塗装が施された作りで，試料片A2はベンガラ漆の上にさらに漆塗装が施されていた（[図6-6]）。

　この彩色土器に使われたベンガラは，鉱物由来のベンガラではなく，沼などに棲息する細菌が土中の鉄分をもとに体内で作り排出

[図6-6] 試料片A1とA2のクロスセクション（左：×200、右：×500）

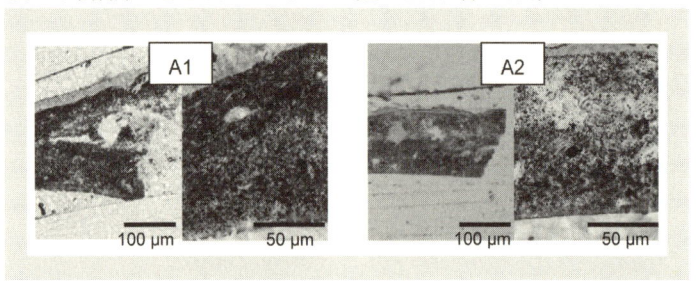

[図6-7] SEMによる断面観察結果
（左：A1 5,000倍、右：A2 10,000倍）

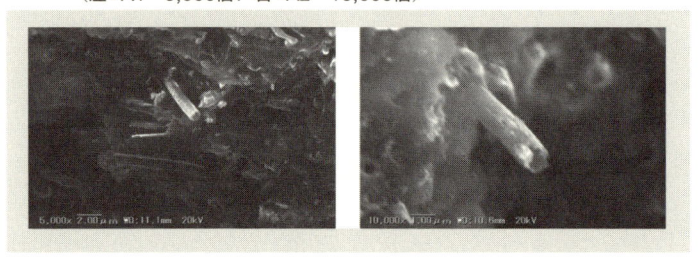

したパイプ状ベンガラであることが明らかになった（[図6-7]）。

● ───── 木胎耳飾りの塗膜分析

　同じく「道免き谷津遺跡」の2012年度の発掘調査で，縄文時代晩期と考えられる滑車形の耳飾りが出土した（[図6-8]）。この耳飾りの素材には木が使われており，朱漆が塗られていた。このように木をベースにして作られた漆工芸品を木胎漆器と呼ぶ。

　一部は欠損しているものの，ほぼ全体形を知り得る状態で発見

[図6-8] 木胎の耳飾り

されている。発見された耳飾りは，赤色漆による彩色が施されていて，部分的に色調の違いがあることから，少なくとも2層の漆膜からなると推測された。この耳飾りから得た試料片ふたつについて熱分解–GC/MS分析した結果，すべての試料からウルシオールを主成分とするウルシ（*Toxicodendron vernicifluum*）が使われていることがわかった。漆に油脂が含まれていること，また顔料として辰砂を利用していることもわかった。前述のとおり，漆液に乾性油を添加して利用することは，現在でも漆の乾燥硬化性の調節や塗膜の光沢を上げるために利用されている。当時も耳飾りの光沢を上げるために漆液に油を加えて利用したと考えられる。

　試料の塗膜断面を観察できた試料片（B1）では，断面図観察より，素地＋下地塗り＋赤色塗装が施されていて，下地塗りは3層構造で，素地と漆を合わせた素地固め（1層目），表面を平滑にする塗り（2層目），表面を整える塗り（3層目）であると考えられる（[図

[図6-9] 耳飾りの漆膜のクロスセクション

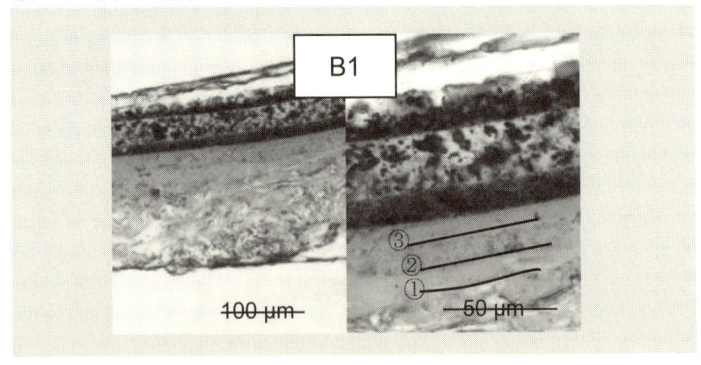

6-9])。

　この赤色塗装には辰砂が使われており，1層目は微細粒子，2層目は大きい粒子，3層目は小さい粒子を用いた3層構造をなしている。赤色の漆塗装で1層目の微細粒子の上に比較的大きい粒子が用いられているなど，材料を選びていねいな塗装で作られたものであることがわかる。

● ──── サメの歯の膠着物の分析

　宮城県大崎市に位置する縄文時代晩期中葉の北小松遺跡から，サメの歯を木質物に膠着物で固定した遺物が出土した（[写真6-1]）。この膠着物を熱分解-GC/MS法で分析した。

　その結果，サメの歯の膠着材にはウルシの木（*Toxicodendron vernicifluum*）から得られた漆液が用いられていることがわかった。サメの歯の膠着物をデジタルマイクロスコープで拡大して観察する

[**写真6-1**] 北小松遺跡から出土したサメの歯

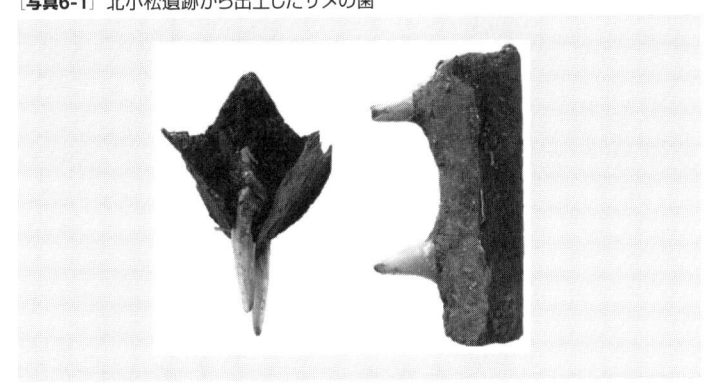

と，黒色と淡赤色部分があり，白色部分も点在していた。それらを顕微観察が可能な蛍光X線分析装置で，スポットごとに分析したところ，淡赤色部分と黒色の部分にはいずれも鉄（Fe）元素の存在が認められ，その顔料にはいずれもベンガラが用いられていた。白色部分からはカルシウム（Ca）とストロンチウム（Sr）が確認されたので，海産の貝殻などを粉末にして下地材料に用いたのではないかと推定される。

● ──── **飾り弓の塗装物の分析**

南鴻沼遺跡から出土した飾り弓の塗膜のクロスセクションを作り観察したところ，この塗装はおおよそ4～5層で作製されていることが確認できた（[**図6-10**]）。

この弓は木胎であり，その上に糸状や樹皮のようなものを巻いて，漆が5層に塗装されている。e層には糸のような繊維物の断面が現

[図6-10] 飾り弓の塗膜のクロスセクション（a～eの5層）と各層のIRスペクトル

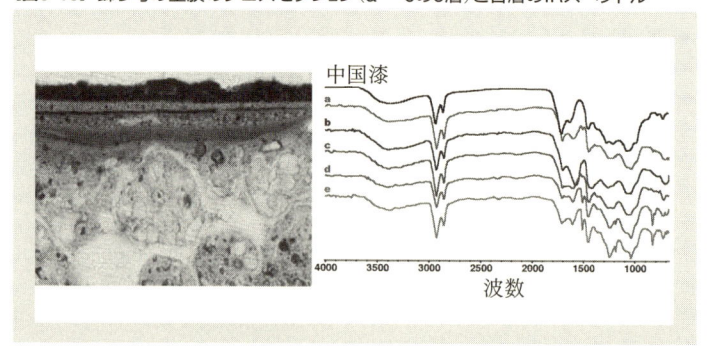

れており，下地であると判断した。またd層もe層の一部であり，e～a層はATR-FT/IRスペクトル分析の結果から漆を含む層であることがわかった。以上のことから，木胎の上に漆液を染み込ませた糸状のものを巻きつけて下地にし，これを固定するために漆で下塗りを施し，その後漆で中塗りをして，最後に赤色顔料と漆を混ぜて赤色塗装の上塗りが施されていることが判明した。この製品の赤色塗装に利用されている顔料は辰砂（硫化水銀）であった。

● 矢柄付きの石鏃の膠着物の分析

同じく南鴻沼遺跡の縄文時代後期前葉～中葉の草本泥炭層（南鴻沼3層）から，矢柄と膠着剤の残存する石鏃が2点出土した。

矢柄（No.1045）は，D-7グリッドから出土し，長さ2.3cm，幅1.6cm，厚さ0.25cmであり，重量は矢柄を含め1.131gである。石鏃には直径6mmの矢柄が膠着剤で装着されていた（[写真6-2]）。

石鏃No.1055は，D-8グリッドから出土し，長さ2.5cm，幅1.5cm，

[写真6-2] 矢柄No.1045　　　　　　　　[写真6-3] 石鏃No.1055

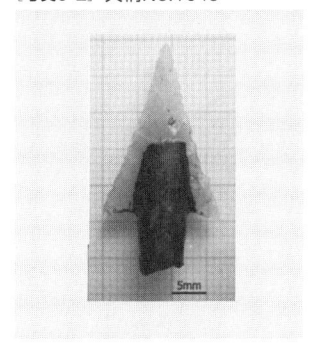

厚さ0.3cmであり，重量は矢柄を含め0.918gである。片面のみに残存する矢柄は，長さ2.2cm，最大幅0.7cm，最小幅0.05cm，厚みは最大0.2cmであり，先端に向かい尖っていく（［写真6-3］）。石鏃の先端0.05cmの部分まで，膠着剤である漆が残存していることから，石鏃の先端と矢柄が重なるほどに深く挟み込まれていることがわかった。

石鏃の一方の面には矢柄自体は残存しておらず，膠着剤のみが2本，八の字形の線状で1.7cmの長さで残存する。両面ともに膠着剤の最大幅が0.7cm程度であることから，石鏃基部を矢柄が挟み込んでいる状態であったと考えられる。そこで矢柄に付着していた膠着剤を分析した結果，矢柄No.1045には漆が，石鏃No.1055には漆とアスファルトが用いられていることがわかった。

縄文時代にアスファルトを膠着剤として使用する例は，縄文時代前期以降に北海道・東北・北陸で見られる。関東地方では縄文時代後期以降に若干見られるが，東日本北部のアスファルトの使

用状況と比較すると，関東地方南部では存在が希薄である。南鴻沼遺跡では，膠着剤に漆とアスファルトが使われていることがわかった。

●───土器内部にあった黒い塊の分析

新潟県胎内市八幡字野地，胎内川の下流の扇状地に，野地遺跡(標高8m)がある。ここでは縄文後期後半から晩期にかけての生活面（異物包含層)が全7層にわたって堆積していた。この遺跡の特徴は，胎内川のたび重なる氾濫にも負けず，約500年にわたって同じ場所を利用していたことである。

この遺跡から発掘された縄文後期後葉～縄文晩期の漆と見られる試料（土器の内面にあった2種類の黒塊AとB）2点について，熱分解-GC/MS法およびFT/IRスペクトル法[*1]で分析した。遺物分析に多く用いられる手法である断面分析を行うために，エポキシ樹脂に試料片を包埋処理する際，試料Aのクロスセクション分析用に薄膜を作成しようと試みたところ，クロロホルムに溶解した。試料Bは溶解することなく薄膜を作成することができた。

この薄膜の偏光観察では漆の存在も確認された。これらを熱分解-GC/MS分析した結果，試料Bからはアルキルフェノールが認められ，標準の漆膜と同じスペクトルが得られた。これに対して，試料Aからはまったく異なるスペクトルが得られ，アスファルトの成分と

[*1]───FT/IRはフーリエ変換型赤外分光の意で，試料表面で全反射する赤外線を測定することで試料表面の吸収スペクトルを得る方法である。

して認められているステラン誘導体も確認されたので、試料Aはアスファルトと考えられる。

このように南鴻沼遺跡や野地遺跡では、アスファルトと漆が併用されていたことは、縄文時代の膠着剤使用の時期や地域を検討する上で重要であり、今後の研究では複数の膠着剤を用いている可能性を想定してかかるべきであろう。

3 「朱漆楼閣山水箔絵盆」の分析

●──「朱漆楼閣山水箔絵盆」の箔絵

歴史的な琉球漆器の一つである「朱漆楼閣山水箔絵盆」（製作年代・来歴不詳）は、直径約24.3cm、表面朱漆塗、裏は鍔朱漆塗・高台内黒漆塗である（口絵写真［6-1］）。

文様はすべて箔絵技法によるもので、漆器の口縁・見込み（縁のこと）に楼閣山水図を表し、ふたつある楼閣内に人がひとり、舟の上にも人がふたりいる。盆の鍔（つば）（盆の回りに刀の鍔のように飛び出ている部分）には文様が4ヵ所（これを専門家は「窓枠を4つ設ける」という）、枠の中には山水楼閣図が描かれており、枠外には麻葉繫文（つなぎもん）（繫文は、輪や角などのひとつの文様を繫いで連続させた文様。口絵写真［6-1］右）が施されている。盆裏には文様はない。この作品の最大の特徴は、鍔縁に覆輪を施し、さらにその上から朱漆が塗ってあることである（口絵写真［6-2］）。一般的に覆輪のある作品は、そのまま覆輪を表に出し、漆を上塗りすることはない。したがって、これは当初は覆輪が表に出た状態であったものが、何らかの理由

[写真6-4] 黒漆葡萄栗鼠箔絵八角食籠
（部分）

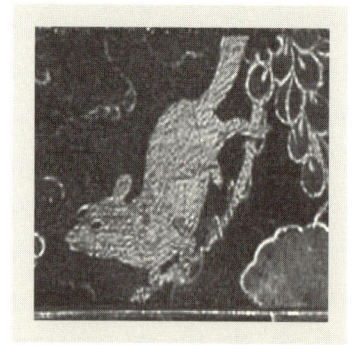

[写真6-5] 朱漆楼閣山水人物箔絵盆
（部分）

で手が加えられ、現在の形になったものと考えられる。塗りおよび加飾はさほど新しくなく、ある程度年代が経っていることから、本体の素地構造はさらに古いものではないかと思われる。

　X線調査によって、鍔の立ち上がりの素地は細く、巻胎技法（木を薄くテープ状にしたものを輪状にして重ねている）で作られていることが判明した。琉球の箔絵や密陀絵の盆には巻胎の素地構造をもつものがいくつもあることがわかっており、この盆が琉球製の可能性はある。だが、中国の盆の素地構造の研究は進んでいないため、これが中国で制作された可能性も残されており、今のところ断定することはできない。

　本作品に施された箔絵では、箔の細い線で輪郭をとる表現が中心で、全体に細いやや粘り気のある線で楼閣山水図が描かれ、岩が尖った角をもっている。箔を面状に貼る技法は、岩の部分や人物などで隙間を空けるかたちで使われており、細部を引っかき

黒漆で描くなどの表現方法は行われていない。また，見込み全体に文様が描きこまれた感じで，凹凸のない平面的な表現である。

　この箔絵を16〜18世紀の琉球箔絵とされる他の作品と比較してみると違いがわかる。たとえば，「朱漆鳥獣草花箔絵面盆」（浦添市美術館蔵）では，個々の葉や動物などの文様を箔の面で表現し，「黒漆葡萄栗鼠箔絵八角食籠」（同館蔵）も主文様であるリスを箔の面のみで大きく表現し，引っかきで細部を描いている（[**写真6-4**]）。

　18〜19世紀の琉球箔絵の場合は，空間をとった絵画的な画面を見せている。ポイントとなる岩や楼閣の屋根，人物全体を多く箔の面で表現し，輪郭や細部に黒漆の線を用いている。岩は丸みを帯びた形が多い。岩を描いた金箔の下を盛り上げて，凹凸のある表現にした作品も作られている（[**写真6-5**]）。

　これらの時代の琉球箔絵に比べると，「朱漆楼閣山水箔絵盆」は，明らかに表現方法が違っている。ただし，文様をほとんど線で表現する方法がなかったわけではない。伊是名村の「黒漆山水人物椿箔絵丸櫃」や，18〜19世紀の典型的な山水図の箔絵作品の中にも，ほとんど箔線で表現した盆などがいくつか見られることから，線中心の箔絵は主流ではないものの，作られ続けてきたようである。本作品が琉球で作られたとすれば，そうした線表現の流れを汲み，箔絵が18世紀の様式に固まる以前の作品かと思われる。

　一方，本盆の文様構成を見ると，鍔の窓枠の楼閣山水図や，枠外の麻葉繋文は，「朱漆楼閣人物箔絵稜花形食籠」など，いくつかの稜花形食籠に見られる文様構成である。文様も器物全体に施され，空間を取った表現というよりは，みっしり描かれている。この食籠と同様の文様構成をもつ作品「朱漆山水楼閣人物箔絵六

稜花形食籠」が，京都の相国寺に伝わっている。箱の貼紙と安永頃の什物帳に「古琉球製」とあるとのことで，安永年間（1772～1780年）を下限とした琉球作品とされている。残念ながら実物は未見だが，写真で見る限り，線ではなく面的な箔の表現作品である。「窓枠の楼閣山水図，枠外の麻葉繋文」という文様構成が盛んだった時期があり，この盆もその流れで製作された可能性も考えられる。もちろん中国で盛んになり琉球で真似して同じ形や図柄が作られたとも考えられるので，この文様構成＝琉球製とは限らないことは留意する必要がある。

　もうひとつ，琉球箔絵の特徴として，多くヒ素系黄色顔料の入った下付漆が使用されていることが，これまでの分析調査からわかっている。本作品も，石黄（せきおう）と思われる顔料が箔下から検出されていることから，技法的な共通性が指摘できる。逆に，中国箔絵の箔下漆の分析は今後の課題となっている。以上のことから，本作品が琉球の箔絵か，それとも中国製か，いずれの可能性もあり，現在のところ断定するのは難しい。今後中国の盆の素地構造や箔の下付漆の素材などを分析，比較する研究が進めば，製作地を特定していくことも可能になると思われる。

分析試料と分析方法

・熱分解-GC/MS分析法

　「朱漆楼閣山水箔絵盆」から塗膜を微量採取して熱分解-GC/MS分析を行い，TIC（トータルイオンクロマトグラフ，熱分解生成物を分離した結果をひとつの図の中に収めたもの）から漆の主成分分析の際に利用されるアルキルフェノール（m/z108）のイオンクロマトグラフ

[図6-11]「朱漆楼閣山水箔絵盆」塗膜の熱分解-GC/MS分析の結果

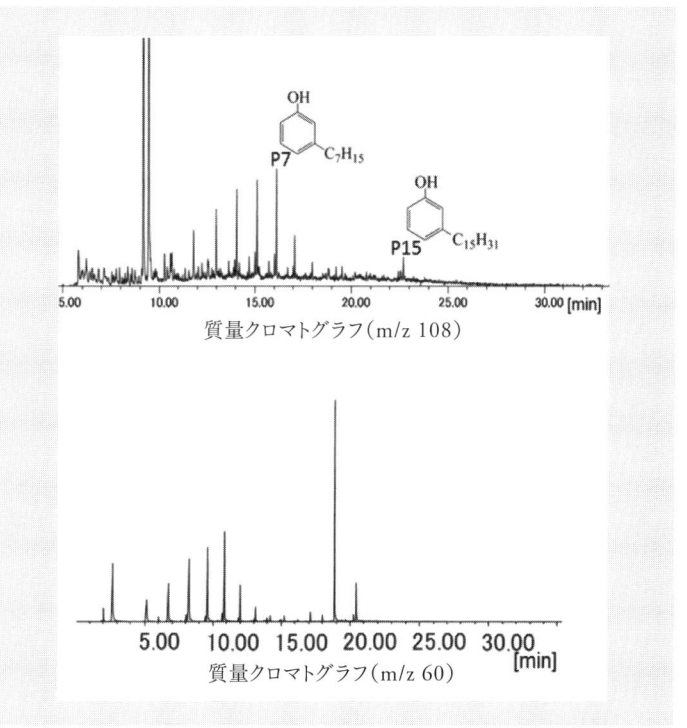

質量クロマトグラフ(m/z 108)

質量クロマトグラフ(m/z 60)

を抽出して，漆の種類を推定した（[図6-11]）。その結果，ウルシオールの重合物が熱分解して得られる3-ペンタデシルフェノール(P15)と3-ヘプチルフェノール(P7)が確認された。このことから，この漆器に使用された漆は主成分がウルシオールである日本・中国産の漆であると推定された。

　カルボン酸（m/z60）のイオンクロマトグラフを抽出すると，パルミ

チン酸やステアリン酸などの脂肪酸類が含まれていた。このことから塗膜に乾性油を混ぜていることがわかる。沖縄では，高温多湿の気候から漆の乾きが比較的早い。そのため，漆の乾燥をコントロールし，漆塗膜の艶をよくするために油を加えたものと思われる。また硫化水銀の分子量（m/z202）では特徴的なスペクトルパターン（水銀の7つの安定同位体）が確認でき，朱色顔料として辰砂が使用されていることもわかった。

・クロスセクション分析法

「朱漆楼閣山水箔絵盆」の複数の箇所から塗膜を微量採取し，漆塗装の構造の確認と箇所によっての構造の差の有無などを観察した（p. 95参照）。以下，見込み端部，鍔上部，覆輪付近，覆輪上のクロスセクションについて論じる。

A. 見込み端部

［**写真6-6**］の左上と左下の写真が，見込み端部から採取した塗膜片の断面のクロスセクションである。左上の透過光下の写真を見ると，白色の下地を含めて3層の構造になっていることがわかる。下地の上に赤色顔料が混和された漆層が2層塗られているが，異なる顔料が使われており，下層はベンガラ（酸化第二鉄Fe_2O_3），上層は辰砂である。偏光下（［**写真6-6**］左下）で観察を行うと，赤色の違いがよくわかる。また下地は白色の光が多く見えていることから，細かい鉱物が多く使用されていることもわかる。辰砂が使用されているという結果は熱分解−GC/MSの分析結果とも一致する。

　下地とベンガラの層が大きな段差を生じているのは，見込みの端

[**写真6-6**] 試料のクロスセクション1

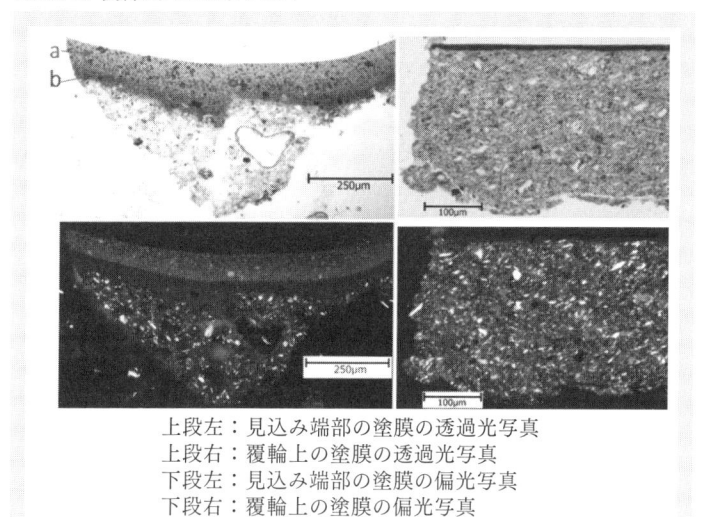

上段左：見込み端部の塗膜の透過光写真
上段右：覆輪上の塗膜の透過光写真
下段左：見込み端部の塗膜の偏光写真
下段右：覆輪上の塗膜の偏光写真

部で立ち上がりとの接合部分からの採取であったためであると考えられる（写真右側が立ち上がり方向）。下地付けの段階ではまだ凹凸があり、ベンガラ漆を塗る段階で凹凸を調整していたと推察される。

B. 鍔上部・覆輪付近

[**写真6-6**]の上段の写真が、覆輪付近から採取した塗膜片のクロスセクションである。こちらも見込み端部の塗膜片と同じく白色の下地に2層の赤色漆層が塗られている。しかし、この塗膜片にはもう1層密度の濃い赤色層（ベンガラ）が存在する。透過光下の写真（[**写真6-6**] 左上）からわかるように、上から1層目のベンガラ層と3層目の

[図6-12] 覆輪上の塗膜の蛍光X線分析の結果

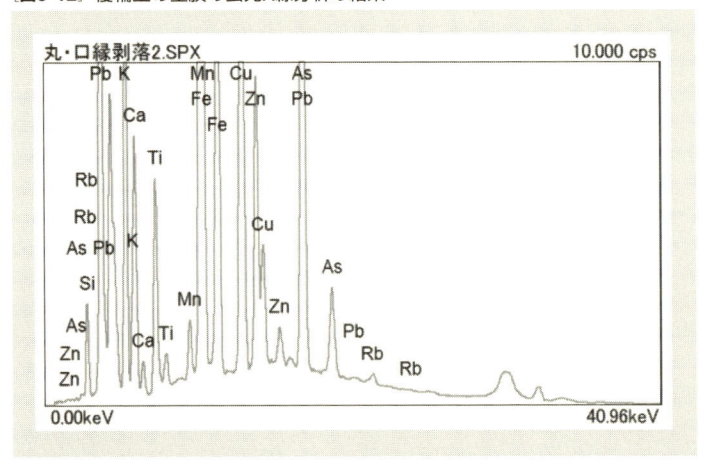

ベンガラ層とでは混和されている顔料の量が明らかに異なっている。偏光下写真（[写真6-6]右上）からも密度の違いがわかる。これより顔料の配合が異なる漆が塗られていることが明らかで，上1層は下2層とは異なる時期や場所で塗られた可能性が高い。

C．覆輪上

[写真6-6]の右上と右下の写真が，覆輪上から採取した塗膜片のクロスセクションである。これまでの2つのクロスセクションとは異なり，黄褐色の厚い下地が1層あり，その上に薄い赤色漆が1層塗られている（[写真6-6]右上）。この赤色漆は覆輪付近の塗膜の籬上部に塗られていたものによく似ており，こちらの顔料もベンガラであった。黄褐色の下地は偏光下写真（[写真6-6]右下）を見ると鉱物主体の下

地であることがわかる。下地全体が黄褐色を呈していることから漆が多く含まれていると思われる。

これらの結果から，器は全体に下地＋朱漆（ベンガラ）＋朱漆（辰砂）の構造で塗装がされており，覆輪の部分は当初漆は塗られていなかったと考えられる。しかし，後の修理か何かの折に，覆輪部分にも朱漆が塗られ，その際に朱漆が覆輪付近の塗膜にも塗られてしまったため，さらに1層ベンガラ層が存在することになったものと考えられる。

・蛍光X線元素分析法

まず採取した破片をそのままの状態でX線分析したところ，水銀が多く検出された。これは赤色顔料に辰砂を使用しているためと考えられ，熱分解–GC/MSやクロスセクションの分析結果とも一致する。

また覆輪上の塗膜からは鉄のほか，亜鉛や銅，鉛が多く検出された。この鉄は赤色顔料にベンガラを使用しているためであり，また亜鉛や銅，鉛は顔料由来のものではなく，覆輪由来のものと思われる。このことから覆輪の素材は真鍮か，丹銅であると考えられる（[図6-13]）。

このほかに覆輪上から採取した塗膜片のクロスセクションにマッピング分析[*2]を行ったところ，下地にも多く鉄が含まれており，水

---

*2 ──── 蛍光X線分光分析では，試料にX線を照射した際に発生する蛍光X線を検出し，この蛍光X線の波長，強度から試料に含まれる元素の種類，濃度（割合）を求めることができる，マッピングでは，特定の元素の分布状態を知ることができる。

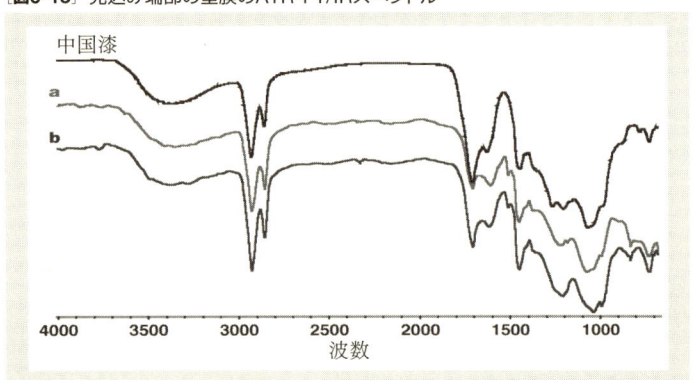

[**図6-13**] 見込み端部の塗膜のATR-FT/IRスペクトル

銀層, 鉄層が順に塗られていることが判明した([**写真6-7**]下)。

・顕微赤外分光分析

　見込み端部の塗膜のクロスセクション([**写真6-6**]左上)の2層(a層とb層)について, それぞれATR-FT/IRスペクトル[*3]を測定した分析結果を示した。比較のために中国産漆塗膜のATR-FT/IRも測定したので, それらの測定結果を併せて示してある。見込み端部の塗膜のクロスセクションの2層(a層とb層)と, 標品として用いた中国産漆塗膜のATR-FT/IRスペクトルは同様なスペクトルが得られた

[*3] ATRとはAttenuated Total Reflection(全反射測定法)の略。ATR法の特徴は, 他の表面分析手法に比べて簡便であること, 吸収強度が波長に依存していること, 試料への光の侵入深さを入射角, プリズムの屈折率を変えることで調整できることなどが挙げられる。

[写真6-7] 試料のクロスセクション2

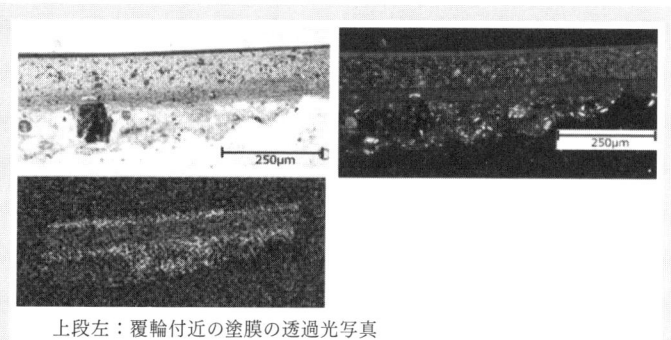

上段左：覆輪付近の塗膜の透過光写真
上段右：覆輪付近の塗膜の偏光写真
下段左：蛍光X線元素分析マッピング分析（G：鉄，R：水銀）

ことから，クロスセクションの2層（a層とb層）に使われた漆はウルシオールを主とする漆液が使われていると推定される。

・Sr同位体比分析

塗膜に使用されていた漆は，熱分解-GC/MS法では，ウルシオールが主成分であることがわかったが，ストロンチウム（Sr）同位体比分析では，日本の漆の^{87}Srと^{86}Srの比率は0.710以下を示し，それに対して中国の漆の^{87}Srと^{86}Srの比率は0.712以上を示すことが報告されている。^{87}Srと^{86}Srは，自然界に存在する安定同位体であり，その比率は地域によって違う。本試料から塗膜片を約30mg採取して東京大学地震研究所のマルチコネクタ型誘導結合プラズマ質量分析計（MC-ICP-MS）を用いて試料を測定したところ，この試料に使用されている漆の^{87}Srと^{86}Srの比率を示し，中国大陸産の漆

[写真6-8] 箔絵盆の赤外線写真

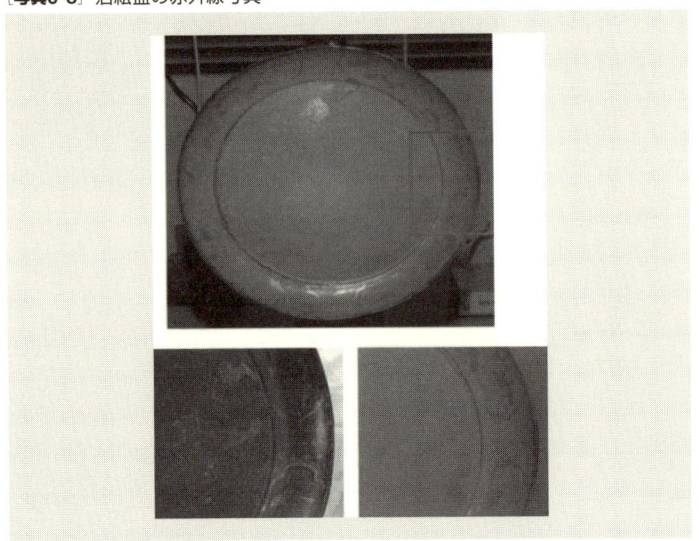

であることがわかった。

・赤外線写真による分析

　この「朱漆楼閣山水箔絵盆」は見込み全体と鍔の内側に箔絵が描かれている。肉眼観察ではこれといった違いは見られないが，赤外線写真を見ると鍔の部分の絵は色が濃く写り，見込みの部分の絵はほとんど写真には写らないという結果になった（[写真6-8]）。これは，一見同じように見える箔絵の部分に箇所によって異なる技法が使われていることを意味する。この結果をもとに鍔の破損した部分で箔絵が描かれた箇所から破片を微量採取し，クロスセクショ

[**写真6-9**] 箔絵盆全体のX線CT写真（上と左下）と巻胎部分の写真（右下）

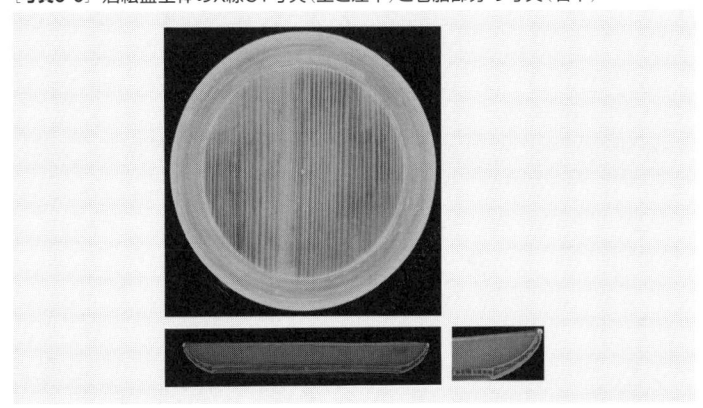

ンとX線分析を行った。その結果辰砂層と金箔の間に1層の顔料層があることがわかった。顕微鏡偏光下観察と蛍光X線分析により、その顔料はヒ素であることが判明した。

くわしくは硫化ヒ素、別名石黄（As_2S_3）であると推定された。石黄は中世まで黄色顔料として使用されていた鉱物であるが、毒性を有することから現在は顔料として使用されることはない。

箔を貼るためには、まず漆で絵を描く必要がある。その際、地と同じ色では塗った箇所がわからなくなってしまうために、石黄の顔料を混ぜた黄土色の黄漆を使用したと考えられる。黒漆ではないのは、金箔の下に黒色を塗ると箔の色が暗く鈍く見えてしまうのに対して、黄色は明るく発色するからだろう。

このせいで、金箔の下にヒ素が塗られている箇所は赤外線写真で色が濃く写り、ヒ素がない箇所は濃くは写らなかったと推察でき

第6章 漆の科学分析　119

る。鉱物は赤外線を通さないため黒色になり、有機物は光を通すため色がなくなるからである。しかし、見込みの部分にも漆で絵を描いたことは間違いなく、他の色の漆を使用したか、石黄の量が鍔部分に比べて少ない漆を使用した可能性がある。

・X線CT写真による観察

X線CT写真も有益な情報を提供してくれる。撮影結果によると（[写真6-9]）、底板は一枚板ではなく5枚の板を継ぎ合わせ、立ち上がりの部分は巻胎技法で作られていることがわかった。このほか、全体的に非常に厚く錆漆（水で練った砥粉に生漆を混ぜたもの）が塗られており、高台は剔り高台（高台は椀や鉢の底につけられた低い円環状の台部。剔り高台は、この部分を刃物でくり抜いて作る）ではなく、錆漆で下地を盛り上げる錆上げによるものであることが判明した。

・年代測定

「朱漆に箔絵」技法の漆器は、古くは16世紀ごろまでさかのぼるが、最盛期は18世紀から19世紀である。本研究対象の「朱漆楼閣山水箔絵盆」はその代表的な作品のひとつと見られていた。しかし、塗膜を炭素14年代測定法で分析したところ、1521年〜1591年（59.4%）と1623〜1654年（36.0%）という結果が得られ（暦年代校正すると、時代により2つ、あるいは3つの年代が出ることがあるため）、制作年代は15世紀中ごろから17世紀中ごろの間にさかのぼることがわかった。

この年代の違いは何を意味しているのだろうか。それを考えるには、17世紀初期に朝鮮系技術の導入や大陸の材料の利用が始ま

り，18世紀中ごろに紅型(びんがた)が成立し顔料が利用され始めたことなど，工芸の技術集団の渡来史も考慮する必要がある。また，「朱漆の箔絵盆」が発展する前の時期にどのような基盤作りがあったのか，その漆芸伝来の時期や技術の発展期を考えることも重要である。本箔絵盆の年代分析では，中国の広葉杉であるコウヨウザンで木胎が作られ，中国産の漆液が使われ，琉球にない覆輪構造を有する盆であることがわかった。このことから本箔絵盆は中国で作られ，それが琉球に渡り，加飾されたものと考えられる。これらを念頭に，さらに琉球のもの作りの技術史，文献史学および琉球漆芸研究を総合して，「朱漆の箔絵盆」の技術発達期を研究する必要があるだろう。

まとめ

　以上の分析から，この「朱漆楼閣山水箔絵盆」について，①主成分はウルシオールで，日本・中国・韓国に生育している「ウルシの木」の漆液が使用されており，②ストロンチウム同位体比分析の結果，その漆は中国産のものであることがわかった。また，③下地＋赤色層2層の層構造をしており，漆は全体にわたって塗られているが，④覆輪の部分のみ，下地＋赤色層1層の構造となっている。また覆輪付近の塗膜にもその赤色層が塗られている。これは覆輪に漆を塗った際に境目をわからなくするためであったと考えられる。⑤顔料はベンガラと辰砂が使われており，ベンガラ，辰砂の順で塗られている。⑥下地には鉄分が多く含まれていることもわかった。⑦立ち上がり部分は巻胎技法が使われており，⑧底板は

5枚の板を継ぎ合わせて作られている。また，⑨樹種は，スギかコウヨウザンであることが樹種同定によりわかった。

参考文献

・荒川浩和，徳川義宣共著『琉球漆工藝』，166，日本経済新聞社(1977).
・漆工史学会編『漆工辞典』，角川学芸出版(2012).
・本多貴之，神谷嘉美，渡邊貴之，吉田邦夫，阿部芳郎，宮腰哲雄「新潟県，野地遺跡出土漆様試料片の分析」，『環境史と人類』第3冊目，『明治大学学術フロンティア(環境変遷史と人類活動に関する学際的研究)紀要』，175-183(2010).
○本多貴之，宮腰哲雄「Scientific analyses of lacquerware 漆製品の科学分析」，232-248，『Archaeometria アルケオメトリア―考古遺物と美術工芸品を科学の眼で透かしみる―』，吉田邦夫編，東京大学総合博物館発行(2012).
○本多貴之，湯淺健太，宮腰哲雄，蜂屋孝之「千葉県市川市道免き谷津遺跡の出土遺物における科学分析―縄文時代前期彩色土器の塗膜分析―」，『研究連絡誌』第75号，公益財団法人千葉県教育振興財団(2014).
○本多貴之，湯淺健太，宮腰哲雄「北小松遺跡出土サメ歯装着具の膠着物の科学分析」，『宮城県文化財調査報告書第234集，北小松遺跡―田尻西部地区ほ場整備事業に係る平成21年度発掘調査報告書―第2分冊分析編』，97-101(2013).
○宮腰哲雄「漆の伝統美を化学する」，『化学と教育』，61(3)，134-135(2013).
○山府木碧・本多貴之・宮里正子・岡本亜紀・下山進・下山裕子・宮腰哲雄「歴史的な漆工芸品の科学分析―浦添市美術館所蔵の「朱漆楼閣山水箔絵盆」について―」『よのつぢ 浦添市文化部紀要』第11号，39-48(2015).
○湯淺健太，本多貴之，宮腰哲雄「南鴻沼遺跡における縄文時代の出土遺物の化学分析」，『明治大学戦略的研究基盤形成事業「歴史的な漆工芸品を科学分析する評価システムの構築」紀要』第1号，126-135(2013).
・Rong Lu, Takayuki Honda and Tetsuo Miyakoshi, Application of Pyrolysis-gas Chromatography/ Mass Spectrometry to the Analysis of Lacquer Film, Chapter 12, 235-282, *Advanced gas chromatography-progress in agricultural, biomedical and industrial applications*, ed. by Mustafa Ali Mohd, InTech (2012).

第7章
合成漆の開発

1　ウルシオールの合成研究

　ウルシオールの合成研究は1900年ごろ始まった。漆液の成分，組成，ウルシオールの構造解析およびラッカーゼ酵素に関する性質の究明など，眞島利行による漆の研究は，日本の天然物化学の基礎を築いたといっていい。漆の主要な脂質成分であるウルシオールは単一の化合物でなく，側鎖構造が微妙に異なる炭素15のアルキル基[*1]やアルケニル基[*2]を有するカテコール誘導体の混合物である。眞島はまずカテコール側鎖の二重結合の位置を決定しようとした。そこで，オゾン酸化を用いてウルシオールの不飽和側鎖を酸化したところ，多数のオゾン分解生成物が得られた。このことからウルシオールが側鎖の二重結合の数や位置が異なる複雑な混合物であることがわかった。

　ウルシオールは，三山喜三郎の先行研究により，不飽和側鎖を有するカテコール誘導体であることはわかっていたので，次に側鎖の二重結合に水素添加する接触還元法を用いて，側鎖が飽和状態にあるウルシオールを得た。その後，ウルシオールの酸化分解でパルミチン酸（$C_{15}H_{31}COOH$）が得られたことから，ウルシオールの側鎖は炭素数が15からなることを明らかにした。さらにカテコール誘導体からウルシオールジメチルエーテル誘導体の還元物を合成

[*1]　　　　アルキル基とは，アルカン（飽和炭化水素C_nH_{2n+2}）から水素原子1個を除いた残りの原子団（C_nH_{2n+1}）の総称である。
[*2]　　　　アルケニル基とは，アルケン（不飽和炭化水素C_nH_{2n}）から水素原子1個を除いた残りの原子団（C_nH_{2n-1}）の総称である。

[図7-1] ウルシオールの構造と成分組成

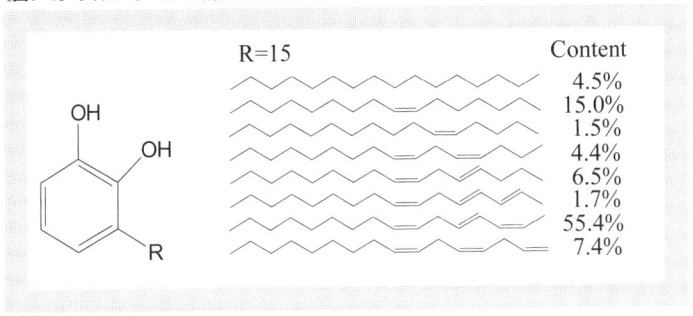

R=15　　　　　　　　　　　　Content
　　　　　　　　　　　　　　4.5%
　　　　　　　　　　　　　　15.0%
　　　　　　　　　　　　　　1.5%
　　　　　　　　　　　　　　4.4%
　　　　　　　　　　　　　　6.5%
　　　　　　　　　　　　　　1.7%
　　　　　　　　　　　　　　55.4%
　　　　　　　　　　　　　　7.4%

することで，カテコールの側鎖の位置を決定した。眞島がこの研究に取りかかったのは明治39年（1906年）で，明治45年（1912年）にウルシオールの分子式は$C_{20}H_{30}O_2$（分子量302）であると報告している。その後，化学の分離技術や分析技術の発達につれ，ウルシオールの詳細な構造が明らかになり，それらをターゲットにした合成研究がいろいろ行われてきた（[図7-1]）。

　ウルシオールの合成研究における第一の目的は，天然と同じ不飽和側鎖をもつウルシオールを合成することである。その中でも，特に天然と同じ不飽和側鎖を有するウルシオールの側鎖オレフィンの位置および立体構造をもつ化合物を合成し，それが確かに天然のウルシオールと同じ構造であるかどうかを確かめるために，機器分析による構造解析のみならず，有機化学では化学合成により標品を作り，それらが同一であることを確認することが重要になる。また合成したウルシオール類は天然の漆液の脂質成分ウルシオール

[図7-2] 3種のトリエンウルシオール

R =
8Z, 11E, 13Z
8Z, 11E, 13E
8Z, 11E, 14

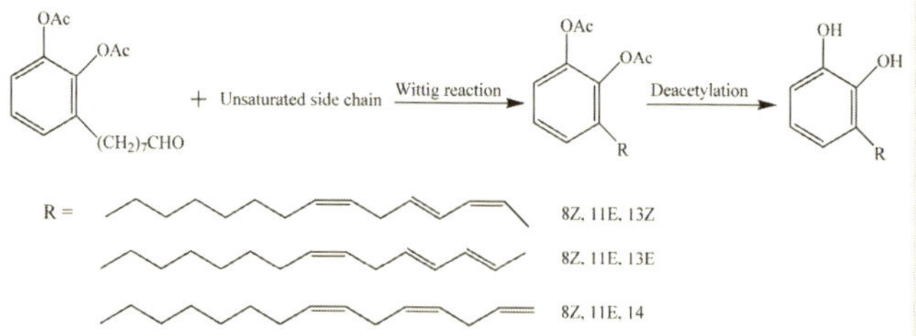

の分析の標品になり、また酵素重合の研究のモデル化合物にも利用することができる。ウルシオールの構造は複雑であるため、その化合物をIUPAC名[*3]で記述すると長くなるため、ここではカテコール環の3位に飽和の直鎖であるアルキル基をもつものを飽和ウルシオール、二重結合をひとつもつものをモノエンウルシオール、ふたつ、三つもつものをそれぞれジエンウルシオール、トリエンウルシオールと大別する。ここからは、漆の化学的合成の話になるので、少々専門的になるが、特に筆者たちが行ったトリエンウルシオールの合成について報告する。

[*3] 有機化合物にはそれぞれ化合物名がある。その化合物名はさまざまな慣用名や通称名が用いられているが、IUPAC（国際純正・応用化学連合）では体系的な命名法が定められている。IUPAC命名法は、化学界における国際的な標準となり、各分野の用語法の拠りどころになっている。

2 天然型トリエンウルシオールの合成

　天然の漆液中のトリエンウルシオールには，3種類がある（[図7-2]）。

　それらのウルシオールには側鎖の8位にシス[*4]（cis）型二重結合があることが共通である。そこでウィッティヒ反応[*5]を利用して，それら不飽和二重結合をもつウルシオール類を合成することにした。そのためにまず，カテコール環の3位に炭素8（C8）の側鎖を延伸したアルデヒドを共通の原料とすることで化合物(8)を合成した。カテコールの水酸基は，まずメチル基で保護し，その後保護基を脱保護しやすいアセテートに変換した。

　まず，シス・トランス・シス型トリエンウルシオールを合成するために，残りの側鎖は炭素数で7個になり，その炭素7（C7）の側鎖は，3-ブチン-1-オールを用いてトランス[*4]（trans）選択的な還元やシス選択的なウィッティヒ反応でC7側鎖部分のシス・トランスの立体構

[*4]　炭素-炭素二重結合を含むアルケンは，炭素-炭素二重結合は回転できないため，ふた通りの異性体がある。その異性体のうち，トランス型のものをトランス体，シス型のものをシス体と呼ぶ。右にシス体(cis)，トランス体の構造を示した。

[*5]　ウィッティヒ反応(Wittig reaction)は有機合成化学において，ウィッティヒ試薬を呼ばれるリンイリドとカルボニル化合物からアルケンを生成する反応である。

[**図7-3**] トリエンウルシオールの芳香族環部分の合成スキーム

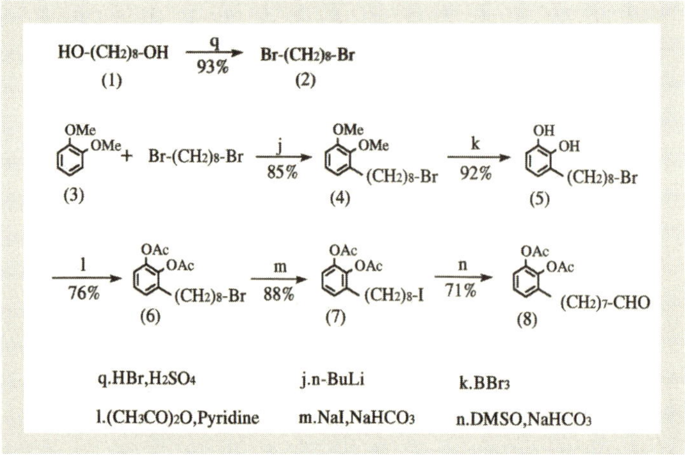
HO-(CH2)8-OH
q
93%
Br-(CH2)8-Br
(1)
(2)
OMe
OMe
+ Br-(CH2)8-Br
j
85%
OMe
OMe
(CH2)8-Br
k
92%
OH
OH
(CH2)8-Br
(3)
(4)
(5)
l
76%
OAc
OAc
(CH2)8-Br
m
88%
OAc
OAc
(CH2)8-I
n
71%
OAc
OAc
(CH2)7-CHO
(6)
(7)
(8)
q.HBr,H2SO4
j.n-BuLi
k.BBr3
l.(CH3CO)2O,Pyridine
m.NaI,NaHCO3
n.DMSO,NaHCO3

[**図7-4**] トリエンウルシオールの側鎖部分の合成スキーム

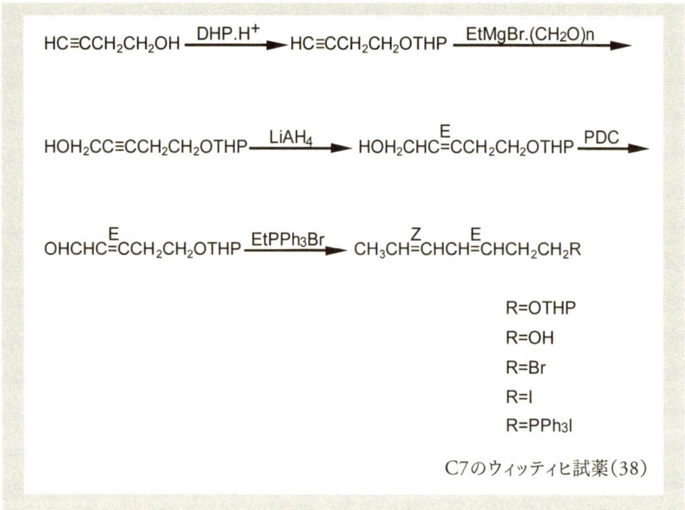
HC≡CCH2CH2OH
DHP.H+
HC≡CCH2CH2OTHP
EtMgBr.(CH2O)n
HOH2CC≡CCH2CH2OTHP
LiAH4
HOH2CHC=CCH2CH2OTHP
E
PDC
OHCHC=CCH2CH2OTHP
E
EtPPh3Br
CH3CH=CHCH=CHCH2CH2R
Z
E
R=OTHP
R=OH
R=Br
R=I
R=PPh3I
C7のウィッティヒ試薬(38)

[図7-5] シス・トランス・トランス型トリエンウルシオールのC7の側鎖部分の合成スキーム

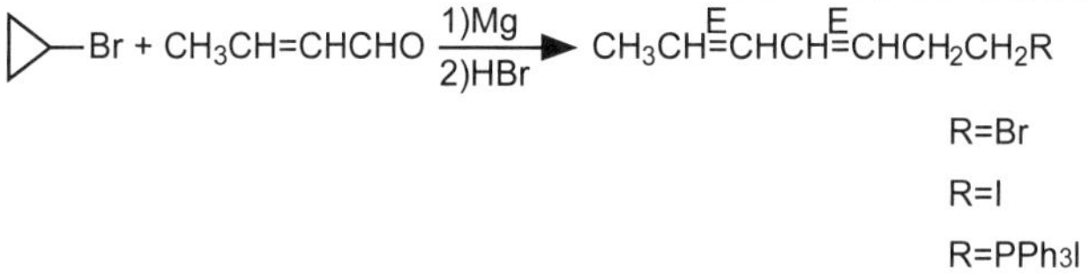

$$\triangleright\!\!-Br + CH_3CH=CHCHO \xrightarrow{\text{1)Mg}}_{\text{2)HBr}} CH_3CH\overset{E}{=}CHCH\overset{E}{=}CHCH_2CH_2R$$

R=Br
R=I
R=PPh$_3$I
C7のウィッティヒ試薬(28)

造をもつウィッティヒ試薬(38)を合成した([図7-4])。

　次に，シス・トランス・トランス型トリエンウルシオールのC7の側鎖は，臭化シクロプロピルを用いてクロトンアルデヒドとのグリニャール反応[*6]および臭化水素酸を用いた開環反応により，トランス・トランスの立体構造をもつC7側鎖部分のウィッティヒ試薬(28)を合成した([図7-5])。

　最後に，シス・トランス・ビニル型トリエンウルシオールのC7の側鎖は，3-ブチン-1-オールを用いてグリニャール反応やシス選択的な還元反応を利用してシス・ビニル型のC7側鎖部分の立体構造をもつウィッティヒ試薬(23)を合成した([図7-6])。

　このようにして合成した3種類のC7の側鎖部分とベラトロールか

[*6] ─── グリニャール試薬(Grignard reagent)はエーテル溶媒中でハロゲン化アルキルと金属マグネシウムから生成される。有機金属試薬で，R-MgXと表される。この試薬は強い求核試薬で，カルボニル化合物と反応して新しい炭素結合を形成する。
　　　RX ＋ Mg → R―MgX

[**図7-6**] シス・トランス・ビニル型トリエンウルシオールのC7の側鎖部分の合成スキーム

$$HC\equiv CCH_2OH \xrightarrow[\text{2)}CH_2=CHCH_2Cl]{\text{1)}EtMgBr, CuCl} CH_2=CHCH_2C\equiv CCH_2CH_2OH$$

$$\xrightarrow[Pd-C]{H_2} CH_2=CHCH_2\overset{Z}{C}=CCH_2CH_2R$$

R=OH
R=Br
R=I
R=PPh$_3$I

C7のウィッティヒ試薬(23)

[**図7-7**] 合成物を標準物に用いた天然のウルシオールの分析

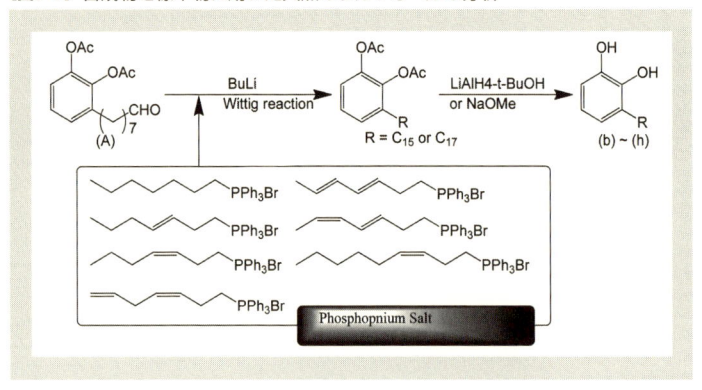

ら合成した芳香族部分 (A) を, ウィッティヒ反応を用いて, 3つのタイプのトリエンウルシオールを合成した([**図7-7**])。

　この3つのタイプのトリエンウルシオールアセテートから還元的脱

[図7-8] ウルシオールの国別成分組成分析の結果

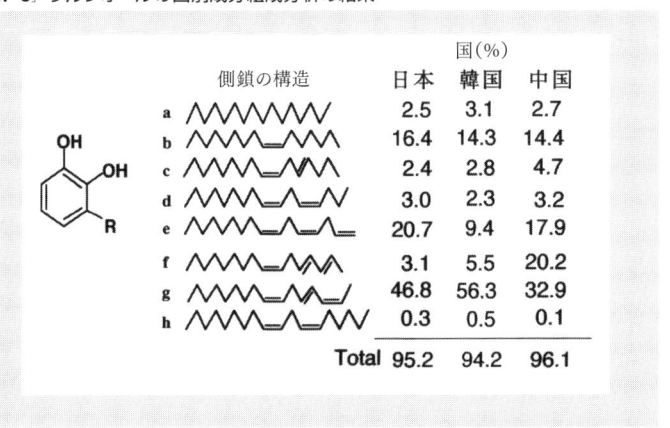

側鎖の構造	日本	韓国	中国
a	2.5	3.1	2.7
b	16.4	14.3	14.4
c	2.4	2.8	4.7
d	3.0	2.3	3.2
e	20.7	9.4	17.9
f	3.1	5.5	20.2
g	46.8	56.3	32.9
h	0.3	0.5	0.1
Total	95.2	94.2	96.1

保護によりトリエンウルシオールを合成した。これらのウルシオールは，天然のウルシオールとガスクロマトグラフの保持時間，さらには各種スペクトルデータを比較すると，完全に一致することがわかった（[図7-8]）。

　こうしてジエンウルシオールやモノエンウルシオールを合成することができた。これらのウルシオールを標品とし，日本，中国および韓国の漆液中からウルシオールを分離し，ガスクロマトグラフで分析することで漆液の中のウルシオールの成分組成を分析した（[図7-8][図7-9]）。各国の漆液中のウルシオールに大きな違いはなかったが，中国の城口産漆液中のウルシオールはシス・トランス・トランス型トリエンウルシオールの含有量が多いことがわかった。これが通常の含有量か，季節の違いか，地域的な特徴であるか，

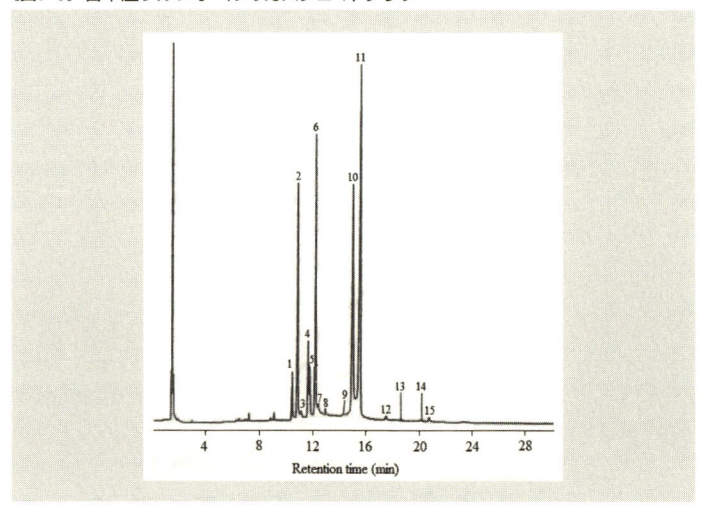

[図7-9] 日本産ウルシオールのガスクロマトグラフ

さらなる検討が必要である。

　また合成したウルシオールが漆液から分離したラッカーゼ酵素で乾燥硬化するかどうかを確かめると同時に，得られた塗膜の構造を，天然の漆膜の構造と比較するために，熱分解-GC/MS分析法や赤外線吸収スペクトルを用いて分析評価した。
　さらに東南アジア産漆の主要な脂質成分であるラッコールやチチオールの化学合成についても研究した。

[表7-1] 日本産漆液中のウルシオールの分析結果

Peak No.	m/z	R.t (min)	Area (%)	Structure
1	320	10.33	2.7	Saturated side chain
2	318	10.74	14.4	Monoene (8Z)
3	318	11.02	0.5	Pentadecenylcatechol
4	316	11.53	4.7	Diene (8Z,11R)
5	316	11.66	3.2	Diene (8Z, 11Z)
6	314	12.07	17.9	Triene (8Z, 11Z, 13Z)
7	316	12.32	1.6	4-(Pentadecadienyl) catechol
8	316	12.73	0.2	4-(Pentadecadienyl) catechol
9	318	14.23	0.1	4-(Pentadecenyl) catechol
10	314	14.92	20.2	Triene (8Z, 11R, 13R)
11	314	15.47	32.9	Triene (8Z, 11R, 13Z)
12	346	17.43	0.4	Monoene (8Z, C17)
13	344	18.13	0.1	Diene (8Z,11Z, C17)
14	314	19.93	0.2	4-(Pentadecatrienyl) catechol
15	314	20.65	0.5	4-(Pentadecatrienyl) catechol

3　酵素重合型合成漆の開発

● 不飽和側鎖をもつ3-アルケニルカテコールおよび4-アルケニルカテコールの合成

　漆はラッカーゼ酵素によって重合する唯一の実用的な塗料である。この特徴を活かした，すなわち漆をモデルにした合成塗料の開発に注目が寄せられている。化学合成で天然と同じ構造の不飽和側鎖をもつウルシオールを合成するには，複雑な多段階合成が必要となる。

植物や石油から天然のウルシオールの側鎖構造と同じ材料を入手することはできない。そこで、側鎖構造を合成するためには、各種有機合成法を組み合わせた多段階合成を用いて、天然のウルシオールと同じ側鎖を作り、天然系のウルシオールを合成しなくてはならない。このように合成漆を大量に合成するとなると、合成工程が長くなってしまう。そのための費用は天然の漆液より高価になり、実用的でない（ただし、この方法は研究上、学問的に実験室的にフラスコ内で天然と同じウルシオール類を合成できることを示した点で有用である）。そこで、天然のウルシオールと似た構造なら比較的短い合成工程で不飽和側鎖をもつ、3-アルケニルカテコールあるいは4-アルケニルカテコールを合成することができると考えた。前者は日本やベトナムの漆の形で、後者はタイやミャンマーの漆の形である。

　この合成に有用なのが、天然の乾性油に多く含まれる不飽和脂肪酸である。乾性油とは、アマニ油、荏油（エゴマの油）、桐油などのように、薄膜にして空気中にさらしておくと、酸素を吸収して固体に変化する性質をもつ油である。これらに含まれるリノール酸、リノレン酸などの不飽和脂肪酸は、ウルシオール側鎖に似た構造をもっており、ウルシオールの不飽和側鎖に相当する二重結合を2個、あるいは3個もっている（[**表7-2**]）。これらを用いて、3-アルケニルカテコールと4-アルケニルカテコールを簡便に合成する方法を開発した。

　まず、乾性油中のリノール酸やリノレン酸を還元してアルコールにし、それを臭素化して臭化アルケニルを合成した。一方、芳香環部分は、まず3-ブロモカテコールをアセトンで保護し、乾性油から合成した臭化アルケニルから合成したグリニャール試薬の間でク

[表7-2] 乾性油成分とウルシオールの比較

	側鎖の炭素数	飽和 [%]		不飽和 [%]	
		パルミチン酸	オレイン酸	リノール酸	リノレン酸
アマニ油	C_{18}	4-7	12-34	14-24	35-60
桐油	C_{18}	2-5	4-9	6-10	77-86
サフラワー油	C_{18}	3-6	13-21	73-79	1
大豆油	C_{18}	7-11	15-33	43-56	5-11
ナタネ油	C_{18}	1-3	12-24	12-16	5-15
魚油	C_{18-22}	—	—	—	−70
ウルシオール	C_{15}	5	17	11	65
	C_{17}	1	1	20.2	20.2

ロスカップリング反応，続いて酸による脱保護で3-アルケニルカテコールを合成した。

また4-アルケニルカテコールはカテコールの臭素化により得られる4-ブロモカテコールをアセトンで保護し，乾性油から合成したハロゲンアルケニルから合成したグリニャール試薬の間でクロスカップリング反応，次いで酸による脱保護で4-アルケニルカテコールを合成した（[図7-10]）。

これら合成した4-アルケニルカテコールと3-アルケニルカテコールを，木材腐朽菌から得られるラッカーゼ酵素で酸化させると重合が進み，合成漆膜ができる。なお，入手容易なラッカーゼ酵素として，きのこからのラッカーゼ（Fungal laccase）であるヒイロタケラッカーゼやカワラタケラッカーゼがある。

〔**図7-10**〕酵素重合型合成漆開発

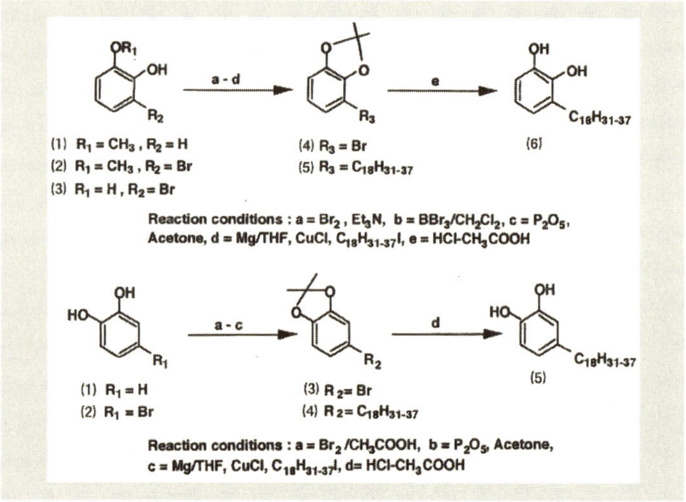
OR1
OH
a - d
O
O
R2
R3
e
OH
OH
C18H31-37
(1) R1 = CH3 , R2 = H
(2) R1 = CH3 , R2 = Br
(3) R1 = H , R2 = Br
(4) R3 = Br
(5) R3 = C18H31-37
(6)
Reaction conditions : a = Br2 , Et3N, b = BBr3/CH2Cl2, c = P2O5, Acetone, d = Mg/THF, CuCl, C18H31-37I, e = HCl-CH3COOH
OH
HO
R1
a - c
O
O
R2
d
OH
HO
C18H31-37
(1) R1 = H
(2) R1 = Br
(3) R 2= Br
(4) R 2= C18H31-37
(5)
Reaction conditions : a = Br2 /CH3COOH, b = P2O5, Acetone, c = Mg/THF, CuCl, C18H31-37I, d= HCl-CH3COOH

これらの方法では，アマニ油，桐油，リノール酸およびリノレン酸から合成した側鎖を利用して，比較的簡便な方法で合成した4-アルケニルカテコールに，漆のアセトンパウダーを加え，よく攪拌した後，これをガラス板に76μmのアプリケータ（塗布器）を用いて塗布し，20～25℃，相対湿度70％ RHの室で乾燥させた。それを大気中に放置したものを各種分析法で評価した。たとえば，合成した漆膜の表面硬度を，鉛筆硬度測定器で評価したところ，「天然漆膜6H＞リノール酸から合成した漆膜5H＞アマニ油やリノール酸から合成した漆膜3H＞桐油から合成した漆膜2B」の順であった。これは側鎖二重結合の不飽和度が高い方が硬い塗膜になり，側鎖の二重結合の数，不飽和度が重要であることがわかった。しか

[図7-11] 各種漆膜のC1sスペクトル

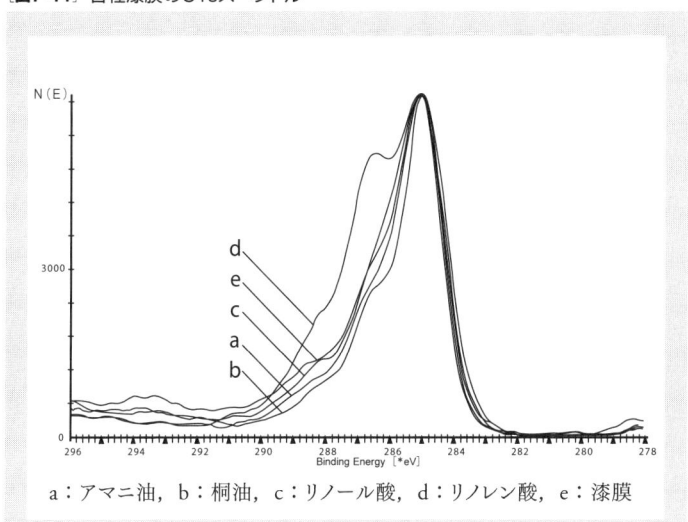

a：アマニ油，b：桐油，c：リノール酸，d：リノレン酸，e：漆膜

し，桐油はエリオステアリン酸が主要な不飽和カルボン酸であり，共役二重結合構造を有しているが，それが漆の側鎖の構造と異なることから，桐油から合成した塗膜は硬い塗膜ができにくいようである。

また，合成漆膜の酵素酸化と自動酸化による重合反応の進行を知るために，その塗膜を構成する酸素原子，窒素原子および炭素原子の結合状態を調べた。各種漆膜のC1sスペクトルを測定して，それぞれの反応性を調べたところ，各スペクトルの波形は異なっていた（[図7-11]）。各スペクトルは，それらのエネルギー準位から，289.7eVはカルボキシル基（COO），288.7eVはカルボニル基

(C=O)，287.5eVはエーテル基(C-O-C)，286.3eVは炭素-水酸基(C-OH)，285.9eVは炭素・炭素結合（C-C），283.9eVは炭素・炭素二重結合（C=C）と同定されることから，これらの官能基（有機化合物を特性づける原子団）の比率がわかった。官能基COO，C=O，C-O-C，C-OHの比率は，「天然の漆膜＞リノール酸から合成した漆膜＞アマニ油から合成した漆膜」の順に高く，その結果は鉛筆硬度試験の結果とよく一致していた。天然漆膜は漆膜の硬化に伴いC-O-Cが増加するが，それはラッカーゼ酵素による酸化重合が関係していて，COO，C=O，C-O-CおよびC-OHの増加は酸素による自動酸化の結果と考えられる。合成の漆膜も天然の漆膜と同様な結果が得られたことから，合成の漆膜も同様にラッカーゼ酵素による酸化と，酸素による自動酸化で塗膜形成が行われていることが明らかになった。中でも，二重結合の多いリノレン酸から合成した漆膜は，すみやかに酸化反応が進行していることがわかった。

● 不飽和側鎖を有する4-アルケニルカテコールの合成

漆を合成することのメリットとして，漆かぶれの少ない性質があれば，天然のものに比べて優位になる。

3-アルケニルカテコールと4-アルケニルカテコールの漆かぶれ性をパッチテストとリンパ球テストで調べたところ，4-アルケニルカテコールは，3-アルケニルカテコールより漆かぶれ性が大幅に低減することがわかった（[図7-12]）。この特徴は合成漆を開発する上で大きなメリットになるといえるだろう。

そこで，合成した3-アルケニルカテコールと4-アルケニルカテコ

[図7-12] 合成した3-アルケニルカテコールと4-アルケニルカテコールの漆かぶれ性

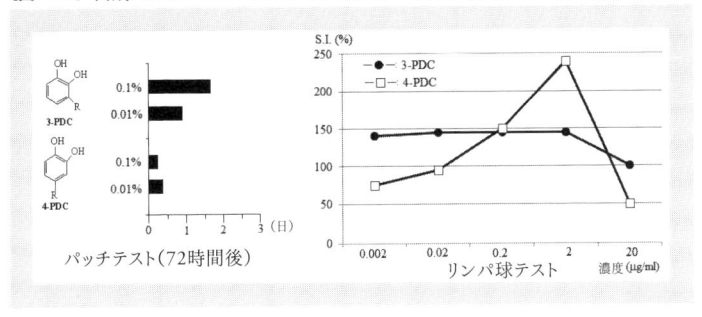

ールの重合反応を，きのこから得られたラッカーゼ酵素を利用して検討した。

まず，4-アルケニルカテコールにきのこ由来のラッカーゼ酵素を利用して重合し，得られた乾燥塗膜の性質を調べた。また，その塗膜の構造を熱分解-GC/MS分析，赤外線吸収スペクトル，ゲル化率測定，鉛筆硬度計，剛体振り子試験機，光沢度計でくわしく調べ，天然漆膜と比較し，その特徴に関わるデータを得て，合成漆の可能性を確認した。

● ─── **カシューナットシェルリキッドを利用した
　　　4-アルケニルカテコールの合成**

漆の主成分であるウルシオールと化学構造の似ている天然化合物であるカシューナットシェルリキッド（CNSL）を利用した，新しい高分子材料に関する研究が進んでいる。

漆は生産量に限りがあるため，それに伴うコストの問題がある。さらに乾燥速度が遅いことや塗布時における皮膚かぶれの心配な

どもある。そこで本研究では、これらの天然漆の欠点を科学的手法により克服し、環境に配慮したバイオベースの合成漆の開発を進めている。漆の硬化には酵素が必要であり、合成した4-アルケニルカテコールと反応させることで、黄色塗膜を得るに至っている。現在、この黄色の発色因子について研究を進めている。

また、CNSLを利用した身近な製品としてカシュー塗料がある。カシュー塗料はホルムアルデヒドと有機溶媒を使用して硬化する汎用の塗料として、これまで幅広く利用されてきた。しかし、ホルムアルデヒドは人体に対し有毒であり、住宅家屋での使用によるシックハウス症候群などの健康被害も報告されている。

そこで、そのような有害な有機化合物を使用せず、かつ室温で容易に硬化するバイオベース塗料についての実験が進められている。現在までのところ、CNSLの主成分であるカルダノールを用いて、エポキシ化とプレポリマー化およびアミン硬化剤との反応により、バイオベースエポキシ塗膜を得ることができた。この塗膜は市販のカシュー塗料と同等以上の乾燥性、耐熱性を有するものであった。

漆の有効利用として、漆を用いた複合材料の開発も進めている。漆は古来より鉄や顔料などの色素を多量に含むことで、さまざまな色艶を発現できることが知られている。これは漆と金属との高い反応性によるものと考えられる。そこで、いろいろな金属やカーボンナノチューブ[*7]との複合化による機能材料の創出が進められている。

---

*7 ───── カーボンナノチューブは直径0.4～50nmの円筒状にした、幾何学的構造をもつ炭素材料である。この特異な構造をもつ機能材料は新しい半導体、センサー、化成品、医薬品などとして期待されている。

[**図7-13**] 4-アルケニルカテコールの詳細な合成経路

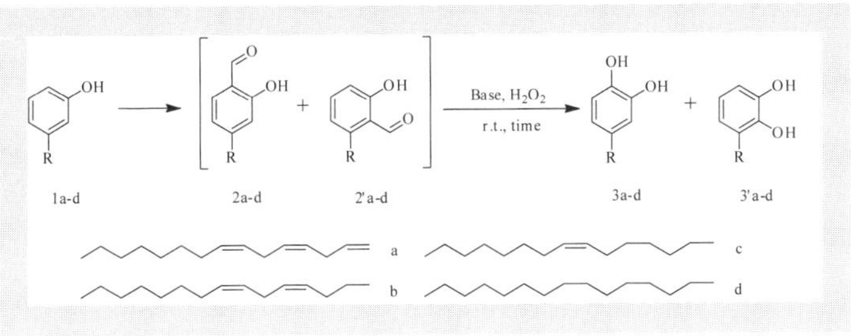

　4-アルケニルカテコールは，カルダノールを出発物質として，*o*-ホルミル化からDakin酸化を経ることでワンポットにより合成した（[図7-13]）。反応はテトラヒドロフランを溶媒とし，カルダノール，無水塩化マグネシウム，トリエチルアミン，パラホルムアルデヒドを加え，還流下で加熱攪拌を行った。加熱後は塩基および30%過酸化水素水を徐々に添加しながら常温で攪拌して目的物を得た。生成物はNMRスペクトル（1H, 13C, H-H COSY, HMQC, HMBC）測定により，4-アルケニルカテコールが確かに合成されたことを確認した。

　合成したアルケニルカテコールをガスクロマトグラフィーで詳細に分析したところ，3-位体と4-位体が生成していることを確認した。その生成比はおおよそ4-位体：3-位体＝95：5であった。

　ワンポットで合成したアルケニルカテコールのGC/MSスペクトルを分析したところ，それぞれ飽和体，モノエン体，ジエン体，トリエン体の混合物であることがわかった。

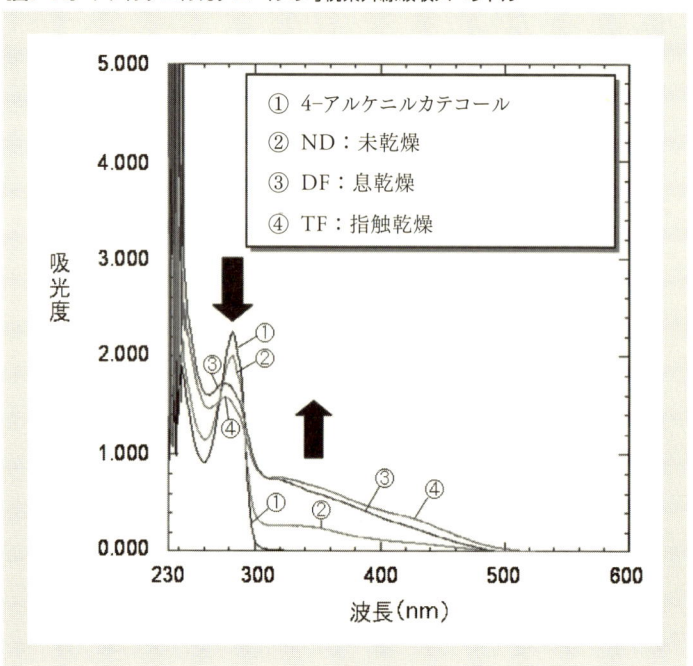

[図7-14] 4-アルケニルカテコールの可視紫外線吸収スペクトル

① 4-アルケニルカテコール
② ND：未乾燥
③ DF：息乾燥
④ TF：指触乾燥

 合成した4-アルケニルカテコールを基質として中国産生漆由来のアセトンパウダー（AP）を10wt%，純水を加え，メノウ乳鉢で10分間手攪拌することで試料を調製した。この試料を25μmアプリケータで製膜し，25°C/80%RHの条件下で乾燥させ，乾燥時間と硬度，色差・光沢度測定を行った。
 天然の漆膜は一般に濃褐色から褐色であり，淡い色調を出すために湿度調整や乾燥スピードを遅くすること，あるいはpHを調整し

て酸性側にしてゆっくり乾燥させるなどの工夫が必要になる。天然は天然の良さがあるが，合成漆は天然にない，塗膜が淡黄色になるなどの性質をもつことで，存在感を示している（[図7-14]）。

まとめ

　ウルシオールの合成は当初，ペンタデシルカテコールである飽和の側鎖をもつカテコールの合成がターゲットであったが，現在では不飽和側鎖をもつトリエンウルシオールに変わり，その合成法も完成した。しかしながら，その合成法は工程も長く，使用する試薬は高価なので，大量に合成することはできない。

　それに比べて，天然のウルシの木の中で進んでいるウルシオール合成は，理想的な効率性や選択性を実現している。常温，常圧のきわめて穏やかな反応条件下で，特定の官能基を選択的に反応は進み，しかもずっと同じ植物細胞内であり，多段階の工程を経ずにすむワンポット反応（One-pot synthesis）で，ウルシオールのみならず，漆の重合に必要なラッカーゼ酵素，ゴム質（多糖），含窒素物（糖タンパク質）までも同時に合成している。現在の化学ではこのような合成はできない。現在も生合成ルートを手本にしながら，温和に，高選択的に，不飽和側鎖を有するカテコールを合成する方法を検討している。天然と同じ構造を有するウルシオールの合成は，側鎖材料の入手に問題があり，そのため長い合成工程になり，量も確保できない。

　一方，動植物から得られる乾性油は，二重結合を多く有してい

る。特にアマニ油，桐油，大豆油はリノール酸やリノレン酸などのトリエン成分を含むため，これを側鎖材料に用いるC18-カテコール誘導体はウルシオール類似体・人工漆の合成として興味深い。そこで筆者たちは，その合成法を検討し，これらの乾性油がラッカーゼ酵素に活性であり，これにより乾燥塗膜が得られることを開発した。

漆の類似物合成法としてカシューナットシェルリキッドを利用した塗膜の合成は，きわめて簡単な操作で容易にワンポット合成できる。しかも，このラッカーゼ酵素による重合物は，黄色の塗膜が得られる点では，合成漆ならではの特徴を有する塗料である。実は，天然の漆膜は一般に濃色で，淡い色調を出すためにはいろいろ工夫が必要になるのである。

繰り返すが，天然の漆液を合成漆で代替する技術はまだ完成していない。ここではその可能性を示唆したが，現在は研究段階で，それを工業的に量産するにはさまざまな研究が必要である。

ウルシの木は，長い年月管理し育てなくてはならない事態は変わらないであろうから，天然資源である漆液はますます貴重になってくる。であれば，天然の漆液は美術工芸の制作にのみ利用し，合成漆は工業的な漆工芸品の製造に利用するというふうに，それぞれの特質を活かした利用法を考える時代がくるかもしれない。これまでも合成物が天然物に置き換わった事例は多くあり，漆も将来合成物に替わることは十分考えられる。今後は，天然と合成の両方の漆が競いあうことで，それぞれの特徴が明確になり，それが相互に益するものになっていくことを期待したい。

参考文献

・寺田晁,小田圭昭,大藪泰,阿佐見徹編著『漆　—その科学と実技—』,理工出版社(1999).
・永瀬喜助著『漆の本　—天然漆の魅力を探る—』,研成社(1986).
・松井悦造著『漆化学』,日刊工業新聞社(1963).
○宮腰哲雄,永瀬喜助,吉田孝編著『漆化学の進歩』,アイピーシー(2000).
・Rong Lu, Tetsuo Miyakoshi, *Lacquer Chemistry and Applications*, 1-300, Elsevier (2015).
・Rong Lu, Takashi Yoshida, and Tetsuo Miyakoshi, Reviews Oriental lacquer: A Natural Polymer, *Polymer Reviews,* 53:153-191(2013).

第8章
次世代の漆利用

漆液は高い湿度の下でラッカーゼ酵素の作用により乾燥するが，この工程における急激な湿度変化や，必要以上に高い湿度は塗膜にいろいろな影響を及ぼす。湿度が急激に低下すると漆液が不乾漆になり，湿度が高すぎると塗膜表面にちぢみ皺が生じる。湿度の変化は塗膜の色味の違いとなって現れるのである。それを防止し安定化させるためには長い経験と熟練による湿度や温度の管理が重要になるので，塗装の現場では漆の乾燥工程に細心の注意が払われている。こうしたもろもろの問題が漆を工業的に利用する際の大きな障害になっていることは否めない。そのため漆のさまざまな乾燥促進法が検討されてきたが，まだ本質的な改質には至っていない。そこで筆者たちは，速乾燥性ハイブリッド漆の開発，ワインレッド様色調の漆塗料の開発およびナノ漆の開発を研究している。

　また近年環境の保全や安全に関連して重金属類の利用が規制されている。中でも鉄鋼材の防錆に使われているクロムには大きな問題があり，クロムを用いない新しい防錆法の開発が望まれている。そこで筆者たちはハイブリッド漆を用いたクロムフリーの防錆塗料の開発を研究している。以下に，それを解説する。

1　速乾燥性ハイブリッド漆の開発

　筆者たちは，漆液と有機ケイ素化合物がただちに反応する特性を利用して，ハイブリッド漆と呼ぶ速乾性漆を開発した。これは漆液中のウルシオールの酵素重合反応の進行とともに，ウルシオール

[図8-1］漆と有機ケイ素化合物の反応機構

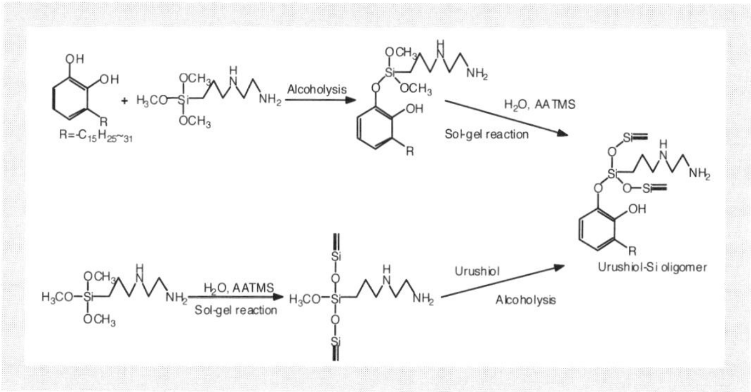

と有機ケイ素化合物をただちに反応させることでウルシオール−ケイ素のオリゴマーを生成し，このふたつの反応により比較的低い湿度条件下で漆液が速く乾燥するようにしたのである。またウルシオールと有機ケイ素化合物の反応で，ウルシオールの水酸基が減少することから，抗酸化性が低下し，自動酸化反応が促進しやすい状況ができたのであるが，これも漆の速乾燥性に寄与していると考えている（［図8-1］［表8-1］）。

有機ケイ素化合物はガラスのように無機質が主体で，漆液とただちに反応する性質があるため，ハイブリッド漆と呼ぶ。このハイブリッド漆をガラスや金属素地に塗布すると，しっかり密着する。ハイブリッド漆は，漆の特徴を維持しながら硬度を高められ，用いる有機ケイ素化合物の特徴を活かして利用範囲を広げられることから，現在漆塗りの現場でのさまざまな応用が検討されている。

第8章 次世代の漆利用

[表8-1] ハイブリッド漆の乾燥性（5wt％添加）

有機ケイ素化合物	20℃, 30%RH (日間)			20℃, 50～55%RH (時間：分)			20℃, 65～70%RH (時間：分)		
	DF	TF	HD	DF	TF	HD	DF	TF	HD
None	ND	ND	ND	7:30	12:00	23:40	1:10	2:30	4:20
IPTES	5	30	—	3:00	6:30	10:00	1:30	2:40	3:40
APTES	10	—	—	2:40	5:50	7:30	1:00	2:00	3:20
BTMSEA	5	20	30	2:00	4:30	6:10	1:00	1:40	2:30
AATMS	2	20	30	2:00	4:00	6:00	0:40	1:20	1:50

＊ND：乾燥せず, DF：息乾燥, TF：指触乾燥, HD：硬化乾燥
IPTES：3-イソシアネートプロピルトリエトキシシラン
APTES：3-アミノプロピルトリエトキシシラン
BTMSEA：N,N'-ビス[トリメトキシシリルプロピル]エチレンジアミド
AATMS：N-(2-アミノエトキシ)-3-アミノプロピルトリメトキシシラン

2　ワインレッド色漆塗料の開発

　金コロイドや銀コロイドを含むハイブリッド漆——ここではワインレッド様漆塗料を扱う——は新しい色調を有する漆塗料で，その応用や製品化が検討されている。一般に漆膜は高い湿度のもとで乾燥させると茶褐色から濃褐色になるが，乾燥性をコントロールしたハイブリッド漆液を比較的低い湿度環境でゆっくり乾燥させると，漆膜は透けのよい淡黄色になる。このような条件下で深紅の金コロイド溶液をハイブリッド漆液に添加して作られた塗膜が，ワインレッド様の色調になる。これまで赤系統の彩漆としては，朱（辰砂）を用いた朱漆やベンガラ（酸化鉄（Ⅲ））を添加したベンガラ漆があり，これらは粒子径が大きいため不透明な隠蔽塗料となるが，金コロイド溶液を用いたハイブリッド漆はワインレッド様になり，まったく新しい色調の漆になる。金コロイドのかわりに銀コロイドを用いると，淡黄

色の春慶塗様の塗膜が得られる（口絵写真[8-1]）。金粒子の大きさがナノサイズの粒子になると、プラズモン効果で金コロイド溶液は紅色を呈し、銀コロイドは黄色を呈する。

その応用例として、無着色の大きなガラスパネル（窓ガラス）にハイブリッド漆を、塗装回数を変化させてグラデーションをつけて塗ってみた。それを和室の大きな窓枠にはめたところ、屋外の太陽光線の変化が、部屋に差し込む透過光や反射光に漆独特の色合いと質感を与え、カラフルな色彩を呈し、まさに宝石の輝きを放つ漆の住宅用ガラスができたのである（口絵写真[8-2]）。

3　ナノ漆の開発とインクジェットプリンターを利用した蒔絵製作法の開発

●―――漆液の微粒化分散

漆液の微粒化分散を行うために、攪拌羽根と容器の底部の壁面の間で、押しつぶす力をかけて擦り合わせながら混練り攪拌する。この場合攪拌羽根と容器の壁や底部に力が加わるため摩擦熱が発生し、漆液の温度が上昇する。ラッカーゼ酵素は熱に不安定であるから、分散処理の温度が50℃を超えると酵素活性は失活する。もしラッカーゼ酵素が失活すると、漆は乾かなくなる。それを防ぐために、冷却装置を備えたニーディングディスク型混練り装置やニーダーミキサーを用いて、温度上昇を防ぎながら、混練り攪拌を繰り返すと、漆液のエマルション粒子は分散され、微粒化漆液が得られる（[図8-2]）。この方法で得られた微粒化分散漆液の粒子分

[図8-2] 微粒化分散漆液の粒度分布

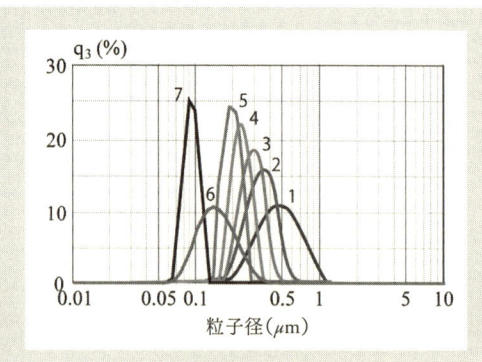

1〜6：ニーダーミキサーを使用
（1：精製漆、2〜5：生漆に5％乾性油添加、6：生漆に5％界面活性剤添加）、
7：生漆ニーディングディスク型混練り装置を使用

布を、紫外線半導体レーザー（波長375nm）を用いた回折・散乱法で測定したところ、混練り過程で暫次エマルション粒子が小さくなったのがわかった。もっとも微粒化した漆液は、おおよそ0.1μmであった（[図8-2]）。

微粒化分散した漆液は、透明性が増加する。生漆は漆液の中のエマルション粒子が10μm以上あるので、透過性がなく、[写真8-1]左にあるように、塗ると下の字は判読し難くなる。生漆を伝統的ななやし・くろめ操作を行うと、漆液のエマルション粒子は細かく分散され、1〜0.5μmくらいになるので、透過性がよくなり、字の判読が可能になる（[写真8-1]中央）。それをさらに微粒化分散すると、漆液のエマルションはだいたい0.1μm、つまりはナノレベルにまで

[写真8-1] 各種漆液の透過性の比較

[写真8-2] ナノ漆の塗り板

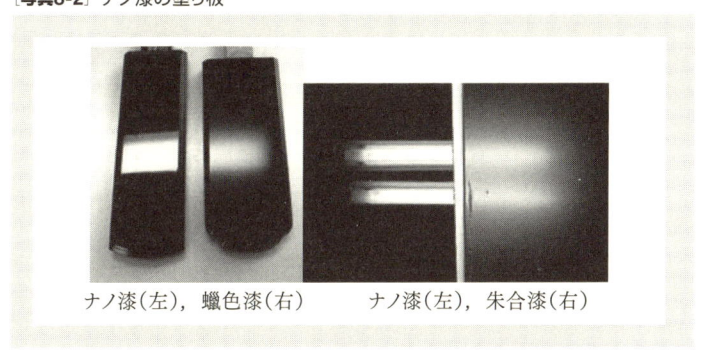

ナノ漆(左)，蠟色漆(右)　　ナノ漆(左)，朱合漆(右)

微粒化される。ここまで漆液が微粒化されると透明性が増し，字の判読が容易になる（[写真8-1]右）。このような漆液をナノ漆と呼ぶ。

微粒化分散した漆液を用いて調製した漆膜は，研ぎの工程により作る蠟色漆膜や乾性油を含む朱合漆膜と同様の高い光沢がある。光沢度を測定すると60度で全反射の100となり，鏡のような高い光沢になる。生漆膜の光沢度はだいたい50〜60で，精製漆膜のそれはだいたい60〜70であるから，微粒化分散した漆液の光沢は

[表8-2] 各種漆膜の光沢度の比較

試料No.	試料[*1]	水分	粒子径[μm]	紫外線照射時間[h]	光沢度	Δ残存光沢率[%]	明度 L^*
1	生漆	24.25	10	0	58.2	100	18.29
				4	49.8	85.6	22.62
				8	37.1	63.7	25.22
				16	22.4	38.5	28.57
				24	10.5	18.0	26.80
2	精製漆	5.27	0.773	0	76.2	100	5.02
				4	67.3	88.3	8.79
				8	50.3	66.0	10.79
				16	35.6	46.7	15.00
				24	22.0	28.9	15.08
3	ナノ漆	4.03	0.183	0	102.6	100	7.87
				4	89.0	86.7	14.21
				8	82.4	80.3	17.83
				16	66.8	65.1	23.27
				24	64.8	63.2	25.97

*1) 乾燥条件：20℃, 70%RH, 膜厚76μm（漆液で）

　大幅に向上していることになる。微粒化分散漆液は細かい粒子の集まりなので，その塗膜表面は凹凸がなく平らである（[写真8-2][表8-2]）。現在この漆液を用いて漆塗り見本を作り，製品化を検討している。

　蒔絵は漆液で文字や絵を描いて，それが乾く直前に金粉を蒔き，また金箔を貼って加飾するものであるが，この工程にコンピュータを導入できないかという発想から，筆者たちの微粒子化したナノ漆をインクジェットプリンターのインクとして印字や印画し，その上に金

[**写真8-3**] 紫外線劣化によって光沢が失われた漆器（上の漆器）

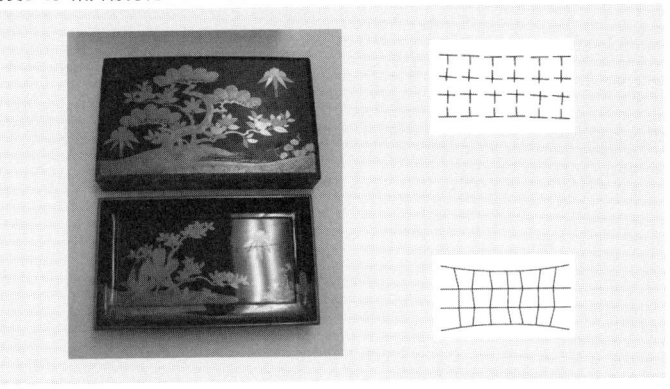

粉を蒔き，また金箔を貼り蒔絵にする技術を開発した（口絵写真[8-3][8-4]）。

このような方法で制作した蒔絵を工業デザインに使えるよう，さまざまな応用を検討しているのである。

● 漆の耐光性向上研究

日光の東照宮や静岡の浅間神社などにある漆の文化財は，毎年漆によるメンテナンスに加えて，5〜10年に1度の間隔で漆の塗り替えが行われてきた。漆は丈夫な素材ながら太陽光の下では弱いことは，第5章で触れたとおりである（[写真8-3]）。

漆塗膜は紫外線を吸収する性質があるため，劣化を止めることはできない。しかし，生漆の劣化は早くとも，精製漆の劣化はやや遅いので，寿命を延ばすことはできそうである。これは漆液のエ

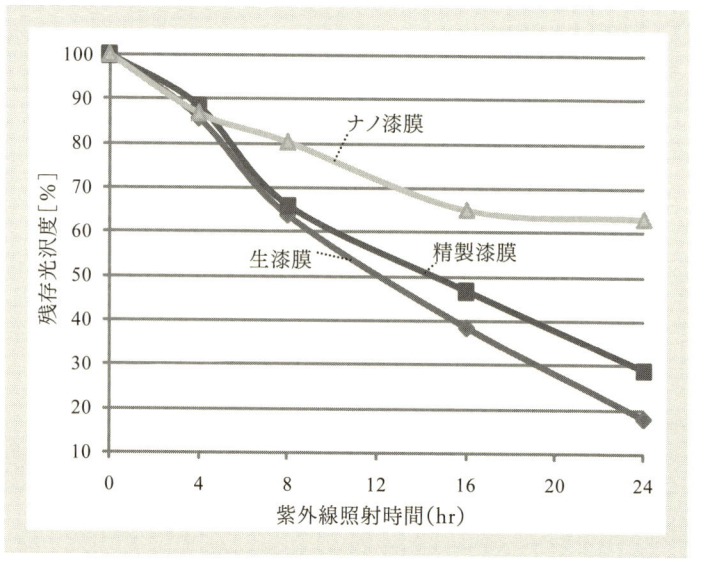

[図8-3] 各種漆膜の耐光性の劣化の比較

グラフ：縦軸 残存光沢度[%]、横軸 紫外線照射時間(hr)。ナノ漆膜、生漆膜、精製漆膜の比較

マルション構造に関係しているからである（エマルションについては，p. 68を参照）。エマルション粒子が細かい精製漆では，やや耐光性が改善する。そのエマルション粒子をさらに微粒化してナノ化すると，耐光性が大幅に改善され，塗膜の劣化は遅くなり，結果として漆の寿命を延ばすことができると考えている（[図8-3]）。現在この漆を用いた塗り板を自然の太陽光のもとで暴露する実験・評価を行っている。

[写真8-4] ハイブリッド漆で防錆処理したネジ

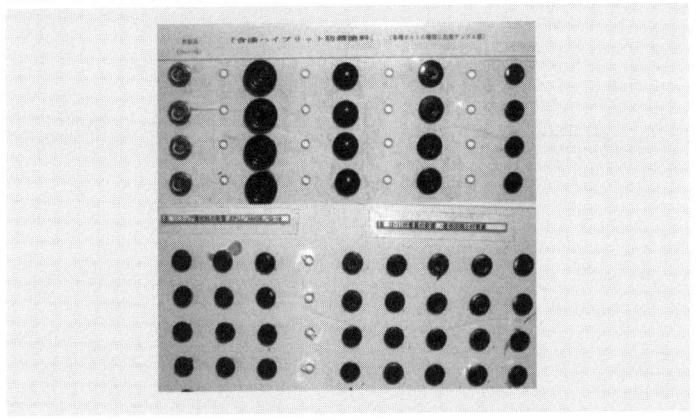

4 漆を用いた防錆塗料の開発

● 防錆塗料の開発と試験

　鉄は空気中で，水分の存在下に表面から酸化され，安定な酸化鉄になろうとする。これが錆びである。鉄は不安定であり，鉄粉を空気中にさらすと，熱を発して酸化する。その応用が使い捨てカイロである。錆びの多くは，塩素イオン，硫酸イオン，亜硫酸イオンなどで促進される。そのため腐食の因子である水分と酸素を遮断することが重要になる。そのために亜鉛メッキで，水分と空気中の酸素に触れないように保護する。亜鉛はイオン化傾向で鉄より錆びやすいため，鉄を保護する役目もある。これにクロムを用いるといっそう防錆能力が向上する。しかし，クロムは有害金属なので，

[図8-5] 漆を用いたクロムフリー防錆処理材の性質

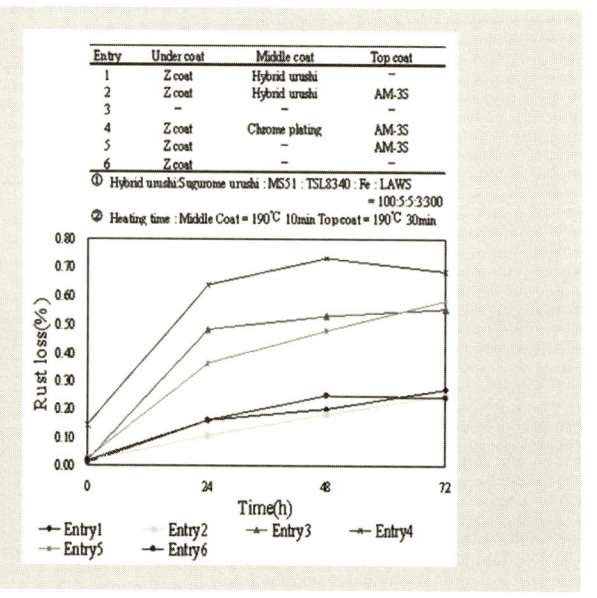

Entry	Under coat	Middle coat	Top coat
1	Z coat	Hybrid urushi	-
2	Z coat	Hybrid urushi	AM-3S
3	-	-	-
4	Z coat	Chrome plating	AM-3S
5	Z coat	-	AM-3S
6	Z coat	-	-

① Hybrid urushi:Sugurome urushi : MS51 : TSL8340 : Fe : LAWS
 = 100:5:5:3300
② Heating time : Middle Coat = 190℃ 10min Top coat = 190℃ 30min

使用が制限され使えなくなってきた。そこで筆者たちは,ハイブリッド漆を用いたクロムフリーの防錆塗料の開発や,鉄鋼製のプレートやボルトなどを漆で防錆処理する方法を研究している。

　金属の防錆処理に関わる漆の乾燥は,自然乾燥では一晩から数日かかるが,加熱乾燥だと短時間で乾燥できる。そこで筆者たちは,加熱温度をできるだけ下げ,加熱時間を短縮し,同時に漆膜と金属の密着を向上させるために,漆液に有機ケイ素化合物の一種である有機シリケート化合物を加えたハイブリッド漆液を開発し

[表8-3] 防錆評価試験項目

試験名	表記名	方法
鉛筆硬度測定	Pencil hardness	塗膜の硬度測定（6B〜B＜HB＜F＜H＜〜8H）
膜厚測定	Film thickness	電磁式膜厚計を用いた膜厚の測定
碁盤目試験（一次付着性）	1st adhesion	塗膜上にカッターナイフを用いて1mm四方の傷を100マス付け，その上からセロファンテープを貼りはがし，はがれたマス目の数および状態を確認
碁盤目試験（二次付着性）	2nd adhesion	塗膜を沸騰水に1時間浸漬後，上記の碁盤目試験を行い評価
光沢度測定	Gloss	光沢度（反射角60°）の測定
色差測定	Lightness and color	塗膜の色合いの測定（$L^*a^*b^*$表色系：L^*=明度，a^*=−緑/+赤，b^*=−青/+黄）
アルカリ溶液浸漬試験	Alkali solution immersion test（AST）	20℃−3w/v%水酸化ナトリウム水溶液にテストピースを48時間浸漬し塗膜の状態を確認
塩水浸漬試験	Salt solution immersion test（SST）	20℃−3.5wt%塩化ナトリウム水溶液にテストピースを浸漬し塗膜膨れおよび錆びの進行を確認
促進塩水浸漬試験	Promotion salt solution immersion test（PSST）	20℃−5wt%食塩水100mlに30wt%過酸化水素5ml，濃硫酸1dropで調整した溶液にテストピースを浸漬し錆び始めの時間を確認

た。これを金属プレートに塗布し，熱重合させたシリケート由来のハイブリッド漆サンプルを塩水噴霧試験すると，1000時間を超える防食性能が認められた。現在，この方法を確立するために検討を繰り返している（[図8-5]）。

またこの研究に関連して，漆にミャンマー産生漆を用いたクロメ

[**表8-4**] リン酸亜鉛処理鋼板SPCC-SDにハイブリッド漆を塗布し，促進塩水浸漬試験で防錆性を検討した実験結果

ミャンマー産漆で塗布した鋼板SPCC-SDの性質

試料No.	試験片		塗布回数	厚さ(μm)	鉛筆硬度	第1回目密着性	第2回目密着性
1	SPCC-SD	-	1	8	2H	0/100	98/100
2			2	17	H	0/100	90/100
3	SPCC-SD	MS51-5	1	6	4H	0/100	0/100
4			2	13	3H	0/100	0/100
5	SPCC-SD	MS51-10	1	7	4H	0/100	0/100
6			2	14	3H	0/100	0/100

ート処理に替わる防錆塗料の開発も行っている。たとえば，ミャンマー産生漆10gに対して，ケイ素化合物を加え，1時間攪拌した。攪拌後は希釈溶剤として天然由来のターペンチンやテレビン油を20ml加え，漆液が溶解するまで攪拌し，塗装用の漆液を調製した。塗装基板はリン酸亜鉛処理を施したSPCC-SD鋼板（PB-L3020：株式会社パルテック 製造）を用いて行った。塗装は浸漬処理塗装を行った後190℃の条件で熱硬化を行い，漆塗膜を製膜した。その評価として，膜厚測定，碁盤目試験，光沢度測定，色差測定を行い，耐腐食性試験として塩水噴霧試験，温塩水浸漬試験を行った。

　ミャンマー産生漆は，リン酸亜鉛処理鋼板に対しても製膜が可能であることがわかった。また，塩水噴霧試験や温塩水浸漬試験

の結果から，下地処理としてリン酸亜鉛処理を施した漆塗膜は，化成処理を施していない漆膜と比較してはるかに防錆性に優れることもわかった。これは，リン酸亜鉛処理が塗膜破壊や腐食につながる漆膜の膨れを抑制しているためと考えられる。これらの結果より，リン酸亜鉛処理はミャンマー産漆の下地処理用として有用であるといえる。

● ─── **塗膜の密着度試験**

リン酸亜鉛処理鋼板（SPCC-SD）を用いて，有機ケイ素化合物MS51を5〜10%混合したハイブリッド漆を1〜2層塗布し，促進塩水浸漬試験で防錆性を評価した結果を［表8-4］にまとめた。

MS51を5%混合したハイブリッド漆を2層塗布すると，表面硬度は鉛筆試験で3Hで硬く，密着試験ではしっかり密着し，促進塩水浸漬試験では13〜14時間を示した。

防錆用漆はミャンマー産生漆だけでなく，当然中国産生漆や精製漆でも同等に有効である。防錆用の漆の乾燥，硬化は加熱重合処理するため，漆の重合が進んだミャンマー産漆は有効であり，また漆の価格の比較からも有効であると考えられる。

参考文献

・神谷嘉美著「漆膜の紫外線劣化機構の解明と漆工品修復の塗膜強化に関する保存科学的研究」，博士論文(2009).

○宮腰哲雄,永瀬喜助,吉田孝編著『漆化学の進歩』,アイピーシー(2000).
○宮腰哲雄「漆と高分子」,『高分子』,56(8),608-613(2007).
○宮腰哲雄,鈴木修一,山田千里,陸榕「漆の可能性を探る12章」『塗装技術』,110-117(2010).
・Rong Lu, Tetsuo Miyakoshi, *Lacquer Chemistry and Applications*, 1-300, Elsevier (2015).
・Rong Lu, Takashi Yoshida, and Tetsuo Miyakoshi, Reviews Oriental lacquer: A Natural Polymer, *Polymer Reviews,* 53:153-191(2013).

あとがき

　この本の基礎になった多くの漆に関わる情報や研究成果は漆の共同研究により得られました。漆の共同研究では，多くのご協力とご指導をいただいた本多貴之明治大学専任講師，陸　榕明治大学研究・知財戦略機構共同研究員，神谷嘉美東京都立産業技術センター研究員に深く感謝いたします。また実験と研究で多くのご協力とご支援をいただきました山田千里明治大学研究・知財戦略機構研究員および明治大学理工学部応用化学科有機合成化学研究室の大学院生とゼミ生の皆様に感謝いたします。なお，口絵写真［8-3］と本の帯の尾形光琳風のインクジェット蒔絵は山田千里さんの力作で，口絵写真［8-4］の「文殊菩薩像」は小野屋漆器店マネージャーの鈴木修一氏に製作していただきました。記して厚く御礼を申し上げます。

　漆研究に関わる多くの皆様のご協力とご支援がなければ，漆研究を進めることはできませんでした。あらためて関係された皆様に感謝いたしております。

　また，本研究を進めるにあたり，ご協力とご支援をいただいた「漆の学際研究プロジェクト」の皆様と「漆の戦略的研究基盤形成プロジェクト」の皆様，科学研究費（A）「歴史的な輸出漆器の科学分析評価と漆器産地の解明に関する研究」および科学研究費（B）「琉球漆器の漆原料分析に関する研究」の共同研究者の皆様，それに「明治大学バイオ資源研究所」および「明治大学漆先端科学研究クラスタ」のメンバーの皆様に協力していただきました。プロジェクトメンバーの皆様のご努力とご支援に感謝いたします。特に琉球漆器

の科学分析に関わる研究では，浦添市美術館宮里正子館長から琉球漆器に関わる有益な情報を提供していただき，多くの分析用漆器の剝落片を恵与していただきました。

　この本の基礎になった多くの研究成果は今後の漆研究の進展に大きく寄与するものと考えており，今後ますます漆の利用が拡大することを願っています。

　今後漆の化学のみならず漆の学際的・複合的な研究がますます進展することを期待しています。

　本書を出版するにあたり，明治大学出版会の皆様に大変お世話になりました。特に須川善行氏には大変なご支援とご協力を賜り，本書をまとめ上げることができました。その中でも特に書名を決めるにあたり，なかなかアイデアが絞れない中，実は『漆学』の提案をいただき，一晩考え決断した経緯がありました。種々のご指導ご鞭撻に厚く御礼を申し上げます。

平成28年2月吉日
宮腰　哲雄

索引

数字・アルファベット
3-ペンタデシルカテコール ………… 61-4
4-ペンタデシルカテコール ………… 64
ATR-FT/IR スペクトル分析 ………… 104
Rhus ……………………………… 6, 13, 94
Sr 同位体比分析 …………………… 117
Toxicodendron … 6, 9-10, 34, 43-4, 82, 94, 98, 101-2
X線CT写真 ………………… *119*, 120

あ行
アイビー …………………………… 59
アセトン …………… 15-6, 68-9, 84, 134-5
アセトンパウダー ………… 69, 136, 142
荒味漆 ……………………………… 46, 48
アレルギー ………………………… 58, 65
アンナンウルシ …………………… 10
彩漆 ………………… 48-9, *48*, *73*, 150
裏目漆 ……………………………… 21, *21*
ウルシ ……… i, v, 3-7, *4*, *6*, 9-14, *11*, 16-8, *17*, *19*, 20-1, 23, 26-30, 34, 38-9, 43-4, 46, 58-60, 82, 84, 101-2, 144
漆液 … i-ii, v, 3, 5-7, *7*, 10-24, *15*, *17*, *19*, *21*, 27, 29-30, 34, 38, 40, 46, *47*, 48-9, *51*, 52, 54, 58-61, 63-4, 68-9, *69-70*, 73, *74*, 75-6, 78, 80-1, *81*, 83-4, 86, 94, 96, 98, 101-2, 104, 117, 121, 124-5, 127, 131-4, *133*, *135*, 144, 148-55, *152-3*, 158, 160
ウルシオール … iii, 14, *15*, 16, 34, 38, 58-65, 68-70, *69-72*, 72, 76-8, *77*, *79*, 80-1, 84-5, *85*, 94-5, 98, 101, 111, 117, 121, 124-7, *125*, 129-31, *130-3*, 133-5, *135*, 139, 143-4, 148-9

ウルシオール配糖体 ……………… 65
ウルシオール誘導体 ……………… 63
漆かぶれ ………………………… ii, 58-65
ウルシ属 ………… 3, *4*, 6, *6*, 11-2, 58-9
漆文化 ……… ii, 10, 12-3, 26, 28-30, 32, 39
漆室 ………………………………… 76, 80
枝漆 ………………………………… 20-1
エマルション … 16, 68, *69*, *73*, *74*, 75, 77, 151-2, 155-6
鉛筆硬度測定器 …………………… 136
遅漆 ………………………………… 20-1, *21*

か行
カシューナットシェルリキッド …… 140, 144
感作 ………………………………… 60-1, 65
含窒素物 … 14, 16, 68-9, *69-70*, 77, 143
生漆 … 34, 46-8, *47-9*, 50-1, 53, *54*, *70*, 73, *73-4*, 75, 78, *79*, 80, *81-3*, 97-8, 142, 152-3, *152*, *154*, 155, *156*, 159-61
金コロイド ………………………… 150-1
銀コロイド ………………………… 150-1
クロスセクション … 90, 95, *100*, *102*, 103, *104*, 106, 112, *113*, 114-7, *117*
くろめ …… 36, 46, 48, *48-9*, *73*, *73*, 75, 80
蛍光X線元素分析 ………………… 115, *117*
蛍光X線分析 …………… 90, 98, 103, 119
ゲル化率測定 ……………………… 140
ゲル浸透クロマトグラフィー …… 84
顕微赤外分光分析 ………………… 116
硬化 … 13-4, 17, 53, 76-8, 80-1, 83, *83-4*, 90, 96-7, 101, 132, 138, 140, *150*, 160-1
酵素酸化 ………… 68, 76-7, 80, 84, 137
剛体振り子試験機 ………………… 140
光沢度計 …………………………… 140

166

光沢度測定 …………… 142, *159*, 160
碁盤目試験 ………………………… *159*, 160
ゴム質 …… 14-5, 68-9, *69-70*, 77, 143
殺し掻き ……………………………… 20
混練り攪拌 ……………………… 73, 151

さ行
盛漆 …………………………… 20, *21*
ジエンウルシオール …………… 126, 131
色差測定 ……………………… *159*, 160
指触乾燥 …… 76, 78, *83-4*, 84, *142*, *150*
自動酸化 …… 76-8, *79*, 80-1, 137, 149
質量スペクトル …… 70, 72, *72*, 91, 93
重合 …… 75, 77-8, 80, 111, 133, 135, *136*, 138-9, 143-4, 161
春慶塗 ………………………… 51-2, 151
ストロンチウム …………… 103, 117, 121
精製漆 …… 46-9, *47-9*, 73-4, 75, *81*, 97, *152*, 153, *154*, 155-6, *156*, 161
赤外線写真 …………………… 118-9, *118*

た行
タンニン ……………………………… 9
チチオール … *15*, 34, 38, 64, 85, *85*, 94-5, 132
ツタウルシ ……………… 6, *6*, 8, 58
トータルイオンクロマトグラフ ………… 110
止漆 …………………………… 20-1, *21*
トリエンウルシオール … 126-7, *126*, *128-30*, 129-31, 143
トレランス ……………………… 59, 65

な行
ナノ漆 ………… 148, 153-4, *153-4*, 156
なやし ……… 46, *48-9*, 73, *73*, 75, 80, 152
ヌルデ ………………………… 6, *6*, 8
ヌルデ属 ……………………………… 6, *6*
熱分解-ガスクロマトグラフィー … 12, 30, 43

熱分解-GC/MS分析(法) … 34, *72*, 90-1, *91*, 94-5, 97-8, *99*, 101, 106, 110, *111*, 117, 132, 139
根漆 …………………………… 20-1, *21*
年代測定 …………………………… 120

は行
バイオマーカー ……………………… 94
ハイブリッド漆 … 148-51, *150*, *157*, 158-9, *160*, 161
パイログラム ……………… 91, *92*, 94
ハゼノキ … 3, *4*, 5-6, *6*, 8, 10, 26, 34, 44, 58, 94
初漆 …………………………… 20-1, *21*
ビルマウルシ ……………… 26, 44, 94
ビルマウルシ属 …………………… 10-2
拭き漆 …………………………… 46, 50
ブラックツリー ……………… →ビルマウルシ
放射性炭素14年代測定 …………… 28
飽和ウルシオール ………………… 126

ま行
蒔絵 … i, 2, 37, 40-3, 49, 53-4, *54-5*, 154-5
マッピング分析 ……………… 115, *117*
モノエンウルシオール …………… 126, 131

や行
焼付漆 ……………………………… 81
ヤマウルシ ………………… 3, 6-7, *6*, 58
ヤマハゼ ………………… 3, 6, *6*, 8, 58
油中水球型エマルション ……… 68, 73, 75
養生掻き …………………………… 20

ら行
ラッカーゼ酵素 …… 14, 16, 68-9, *69-70*, 75-8, 81, 84, 124, 132-3, 135, 138-9, 143-4, 148, 151
ラッコール ………… *15*, 34, 40, 94-5, 132

宮腰哲雄（みやこしてつお）

1945年新潟県生まれ。明治大学名誉教授。明治大学工学部工業化学科卒業。工学博士。専門は有機合成化学，有機工業化学，漆の化学，機能性材料の合成。主な著書・論文に，『漆化学の進歩―バイオポリマーの進歩』（アイピーシー出版，共著），「漆の伝統技術のなかにある化学」『化学』61（化学同人），「漆と高分子」『高分子』56（公益社団法人 高分子学会）など。

明治大学リバティブックス

漆 学 植生、文化から有機化学まで
うるし がく

2016年 3月20日　初版第1刷発行
2017年11月30日　　　第3刷発行

著　者	宮腰哲雄
発行所	明治大学出版会
	〒101-8301
	東京都千代田区神田駿河台1-1
	電話　03-3296-4282
	http://www.meiji.ac.jp/press/
発売所	丸善出版株式会社
	〒101-0051
	東京都千代田区神田神保町2-17
	電話　03-3512-3256
	http://pub.maruzen.co.jp/
ブックデザイン	中垣信夫＋中垣呉
印刷・製本	株式会社シナノ

ISBN 978-4-906811-16-8 C0043
＊本書に掲載した図版は，著作権法第32条の規定に基づいて使用しております。
©2016 T. Miyakoshi
Printed in Japan

新装版〈明治大学リバティブックス〉刊行にあたって

教養主義がかつての力を失っている。
悠然たる知識への敬意がうすれ，
精神や文化ということばにも
確かな現実感が得難くなっているとも言われる。
情報の電子化が進み，書物による読書にも
大きな変革の波が寄せている。
ノウハウや気晴らしを追い求めるばかりではない，
人間の本源的な知識欲を満たす
教養とは何かを再考するべきときである。
明治大学出版会は，明治30年から昭和30年代まで存在した
明治大学出版部の半世紀以上の沈黙ののち，
2011年に新たな理念と名のもとに創設された。
刊行物の要に据えた叢書〈明治大学リバティブックス〉は，
大学人の研究成果を広く読まれるべき教養書にして世に送るという，
現出版会創設時来の理念を形にしたものである。
明治大学出版会は，現代世界の未曾有の変化に真摯に向きあいつつ，
創刊理念をもとに新時代にふさわしい教養を模索しながら
本叢書を充実させていく決意を，
新装版〈リバティブックス〉刊行によって表明する。

2013年12月
明治大学出版会